# 花手帖

高梨さゆみ

撮影
横田秀樹

世界文化社

# はじめに

その人の名前がわかると、他人から知人へと関係性が変わります。植物も同じで、花名を知るだけで距離がぐっと縮まります。学名にはその花の素性が隠されているので、学名を見るとさらに関係性が深まります。名前は自身の世界を広げるツールです。

本書では、私が各地の美しいガーデンで出会ったり、日々の散歩で見かけ、「素敵!」と感じた草花と花木212種を紹介しています。お気に入りをご自身で育てたくなった場合に役立つように園芸品種の名前も加えました。本をバッグにしのばせ、まずはご近所の花散歩から始めてみてください。

# 街で見かける 花手帖 〈目次〉

002 はじめに

## CHAPTER 1 早春

- 008 クロッカス
- 010 ハナウメ
- 012 ロウバイ
- 013 マンサク
- 014 ニホンズイセン／フクジュソウ
- 015 スノードロップ／シクラメン・コウム
- 016 セツブンソウ
- 017 アイリス・レティキュラータ
- 018 ナノハナ
- 020 ヘレボルス・オリエンタリス
- 021 ギョリュウバイ
- 022 ダンコウバイ
- 023 プシュキニア
- 024 シラー・シベリカ／チオノドクサ
- 025 キバナセツブンソウ／ホトケノザ
- 026 スイセン
- 028 ムスカリ
- 029 プリムラ・エラチオール
- 030 デージー／スイートアリッサム
- 031 クリサンセマム・パルドサム／クリサンセマム・ムルチコーレ
- 032 ボケ
- 033 サンシュユ
- 034 ミモザ
- 036 ミツマタ
- 037 ネコヤナギ
- 038 プルモナリア／ハナニラ
- 039 マーガレット
- 040 ジンチョウゲ
- 041 ユキヤナギ
- 042 ヒアシンス
- 044 スノーフレーク
- 045 アネモネ／ラナンキュラス
- 046 春の妖精たちを見逃さないで！ スプリングエフェメラル

## 【データの見方】

※ 学名：*Crocus* ①
※ アヤメ科の秋植え球根 ② ③
※ 花期：2月〜4月 ④
※ 花言葉：楽しみ

① 学名／属名・種小名の表記に統一しています。複数種を紹介する場合は、属名だけを記しています。'○○○'の表記は園芸品種であることを意味します。

② 科名／APG植物分類体系に基づいています。※最新の変更により新たな科、別の科になっている場合もあります。

③ 形態（タイプ）／科名に続いて一年草、二年草、宿根草など、草本植物の形態を記しています。樹高については、2m以下＝低木、2〜5m＝中木、5m以上＝高木を目安としています。

④ 花期／温暖地を基準にした標準的な開花期間です。

## CHAPTER 2 春

- 047
- 048 モクレン
- 050 チューリップ
- 052 レンギョウ
- 053 コブシ
- 054 スミレ／ビオラ
- 055 エリスロニウム／プリムラ・マラコイデス
- 056 ヒュウガミズキ
- 057 アメリカハナズオウ
- 058 ワスレナグサ／アルメリア
- 059 ネモフィラ／アジュガ
- 060 ハナモモ
- 061 サトザクラ
- 062 ハナカイドウ
- 063 リンゴ
- 064 ストロベリーキャンドル／ヤグルマギク
- 065 アグロステンマ
- 066 アリウム・トリクエトルム／ヒアシンソイデス
- 068 キンギョソウ
- 069 ケマンソウ
- 070 リナリア／ニゲラ
- 071 カスミソウ／フェリシア
- 072 トキワマンサク
- 073 コデマリ
- 074 モッコウバラ
- 076 キンセンカ
- 077 シャーレーポピー
- 078 プリムラ・ベリス／スズラン
- 079 ハナビシソウ／シラー・ペルビアナ
- 080 オルレア
- 081 シバザクラ
- 082 フジ
- 084 ヤマブキ
- 085 キングサリ
- 086 愛らしくてたまらない！フォトジェニックな蕾に注目

## CHAPTER 3 初夏

- 087
- 088 ハニーサックル
- 089 タニウツギ
- 090 オオデマリ
- 092 ダッチアイリス
- 093 セイヨウオダマキ
- 094 ダウカス／ラベンダー
- 095 ジギタリス／シャスタデージー
- 096 アムソニア
- 097 ゲラニウム
- 098 ルピナス
- 100 バイカウツギ
- 101 オウゴンシモツケ
- 102 アリウム
- 103 アストランティア

# CHAPTER 4 夏

- 104 ヒメシャガ／カンパニュラ・メディウム
- 105 プリムラ・ビアリー／センテッドゼラニウム
- 106 バラ
- 108 ハンカチノキ
- 109 ヤマボウシ
- 110 クレマチス
- 112 スカビオサ／ネペタ
- 113 リクニス・コロナリア／ペンステモン
- 114 セイヨウニンジンボク
- 116 アジサイ
- 117 アジサイ,アナベル.
- 118 カルミア／スモークツリー
- 119 ヒペリカム／ブラシノキ
- 120 アスチルベ
- 121 サルビア・ネモローサ
- 122 ユリ
- 124 アガパンサス
- 125 バーベナ・ボナリエンシス
- 126 スタキス／マロウ
- 127 ヒューケラ／ムラサキツユクサ
- 128 ヘメロカリス
- 129 花名検索の頼りになる存在 プランツマーカーも撮影しよう
- 131
- 132 ハス
- 133 スイレン
- 134 クロコスミア
- 136 キキョウ
- 137 モナルダ
- 138 ガウラ／ペチュニア
- 139 セイヨウミソハギ／グラジオラス
- 140 アキレア
- 141 エキナセア
- 142 ホリホック
- 143 ノリウツギ
- 144 トレニア／ペンタス
- 145 アゲラタム／ニコチアナ
- 146 ルドベキア
- 148 ガイラルディア
- 149 カライトソウ
- 150 アガスターシェ／クレオメ
- 151 ヘレニウム／ルコウソウ
- 152 ヘリアンサス
- 153 ヘリオプシス
- 154 サルビア・スプレンデンス
- 156 ジニア
- 157 マリーゴールド
- 158 アンゲロニア／コレオプシス
- 159 ニチニチソウ／インパチェンス
- 160 ペルシカリア
- 161 宿根フロックス
- 162 ルリマツリ
- 164 ランタナ
- 165 サルスベリ
- 166 ムクゲ
- 167 フヨウ
- 168 早起きして見たくなる！夜から朝に開花する花

## CHAPTER 5 秋

169
- 170 リコリス
- 172 センニチコウ
- 174 ハギ
- 175 シュウカイドウ
- 176 ノゲイトウ／キバナコスモス
- 177 ヒガンバナ／コルチカム
- 178 フジバカマ／チェリーセージ
- 179 キンモクセイ
- 180 コスモス
- 182 ホトトギス
- 183 シュウメイギク
- 184 サルビア・アズレア／サルビア・ガラニチカ
- 185 キミキフガ／ミューレンベルギア
- 186 ダリア
- 188 セイヨウアサガオ
- 189 宿根アスター
- 190 シオン／イソギク
- 191 ツワブキ／ピラカンサ
- 192 サルビア・レウカンサ
- 194 ヤナギバヒマワリ
- 195 スプレーギク
- 196 ビデンス
- 197 花の写真を上手に撮るコツ①

## CHAPTER 6 冬

199
- 200 サザンカ
- 202 ガーデンシクラメン
- 203 ツバキ(冬咲き)
- 204 クレマチス(冬咲き)
- 205 ハボタン
- 206 ユリオプスデージー／ヘレボルス・ニゲル／エリカ
- 207 ストック／ウインターパンジー
- 208 ローズマリー
- 209 スキミア／センリョウ
- 210 花の写真を上手に撮るコツ②

212 おすすめの全国ガーデンリスト

219 おわりに

220 索引

# 早春

ストライプ柄がおしゃれな人気品種です

球根をまとめて植えると花色がより鮮やかに！

## クロッカス

2月から咲き出す寒咲き種と3月に咲き出す春咲き種があり、どちらも園芸品種が豊富にあります。秋咲き種もあり、その代表がスパイスとして利用されるサフランです。草丈は5〜10cmと低いわりに花が大きく、少し頭でっかちな愛嬌のある草姿が微笑ましく感じられます。花は日差しを浴びると6枚の花弁が開きます。

1. ストライプの絞り柄が美しい'ピックウィック'は見惚れるほどの美しさ。 2. 白い花弁にブルーのぼかしが入る'ブルーパール'は、上品な花色が魅力的。 3. クロッカスといえば定番は鮮やかな黄色。10球ほどまとめて植えてあるので花色がより目立つ。

※学名：*Crocus*
※アヤメ科の秋植え球根
※花期：2月〜4月
※花言葉：楽しみ

早春

ふっくらした花を見ると
幸せな気持ちに!

早咲きの'大輪緑萼(たいりんりょくがく)'は八重咲きで花が大きい。すがすがしい白花が美しい。

早春

早春

ほのかに甘い香りは「馥郁たるウメの香り」と賞賛されます

## ハナウメ

ほかの花に先駆け、年明け早々から咲くことから「百花魁」とも呼ばれます。花を愛でるために改良されたのがハナウメ。奈良時代には栽培されていたと推測され、当時のお花見はサクラではなくウメだったともいわれています。丸みのある花弁から長く伸びる雄しべが48本もあり、どことなく妖艶な雰囲気を感じさせます。

※学名：*Armeniaca mume*

※バラ科の落葉高木

※花期：1月〜3月

※花言葉：澄んだ心

# ロウバイ

■早春■

花弁がロウ細工のような質感であることから蝋梅。温暖地では12月中旬から咲き出すため、俳句では晩冬の季語とされています。早春を代表する芳香花木で、石けんのような清潔感のある香りが離れた場所まで届きます。よく利用されているのは、全体が優しい黄色のソシンロウバイ(素心蝋梅)とその園芸品種です。

花の中心まで黄色一色のソシンロウバイ。基本種のロウバイは花心が赤黒い。

※学名：*Chimonanthus praecox*
※ロウバイ科の落葉中木
※花期：12月中旬〜翌年2月
※花言葉：慈愛心を持っている

ロウでコーティングしたような質感！

早春

ひらひらした細長い花弁がリボンのよう!

1.シナマンサクの園芸品種の'パリダ'。 2.オレンジ色の'エレナ'は花弁が細く繊細な印象。 3.赤に近い花色が印象的な'ダイアナ'。 4.シナマンサクとその交配種は枯れ葉を残したまま開花期を迎える。

※学名：*Hamamelis japonica*
※マンサク科の落葉中木
※花期：2月～3月
※花言葉：感じやすさ

## マンサク

名前の由来は諸説ある中、早春の花木の中でも「まず咲く」がなまって「まんず咲く」＝マンサクという説が知られます。日本の固有種ですが、中国原産のシナマンサクや両者の交配品種も利用されます。いずれもひらひらした細長い花弁が特徴。シナマンサクは開花期にも枯れ葉が残り、満開後に新葉が展開します。

## ニホンズイセン

古くから日本で親しまれてきた房咲きスイセン。開花が早いのが特徴で、千葉県の房総半島や熊本県、愛媛県などの名所では12月中旬から咲き出します。清楚で凛とした姿が美しいだけでなく、すがすがしい芳香も楽しめます。

※学名：*Narcissus tazetta var. chinensis*
※ヒガンバナ科の秋植え球根
※花期：12月中旬～翌年2月
※花言葉：自己愛

まっすぐ伸びる シャープな葉も美しい！

花茎の先端に数輪が重なるように房咲きになる。

## フクジュソウ

福寿草（ふくじゅそう）という縁起のよい名前から、古くから正月花として親しまれ、江戸時代には130種を超える品種があったといわれます。温度差に反応して開花・閉花する性質で、開花中に日差しを受けて集熱し、昆虫を集めて受粉を行います。

※学名：*Adonis ramosa*
※キンポウゲ科の宿根草
※花期：2月～4月
※花言葉：幸福を招く

晴れた日には全開して 日差しを集めます

江戸時代から愛された古典園芸品種が、現在でも多く見られ、愛好家も多い。

早春

## スノードロップ

「雪の雫」という意味にふさわしい花姿!

温暖地では1月上旬から咲き出します。よく出回るのはガランサス・エルウェシーで、球根が大きめで休眠期の乾燥にも強い品種です。原種は15種ほどが知られ、大きな八重咲きや黄花などの園芸品種もあります。

左／ゴールド系の人気品種'プリムローズ ワーバーグ'。

※ 学名：*Galanthus*
※ ヒガンバナ科の秋植え球根
※ 花期：1月～3月
※ 花言葉：恋の最初のまなざし

## シクラメン・コウム

毎年同じ場所で咲く姿が見られます!

春咲きの原種系シクラメンの代表格。10月～11月に葉が展開し、早春に地面から花茎が立ち上がり花をつけます。長寿の植物で、環境が気に入ると10年以上同じ場所で毎年花を咲かせます。個性的な模様がある葉もおしゃれ!

ハート形のシルバーリーフと濃いピンクの花の対比がとてもチャーミング。

※ 学名：*Cyclamen coum*
※ サクラソウ科の宿根草
※ 花期：2月～3月
※ 花言葉：はにかみ

■早春■

妖精のように
儚げな花に胸キュン！

花弁に見える白の部分は萼片(がく)で、蜜弁の黄色の部分が花弁。花後、晩春には地上部を枯らして姿を消し、休眠に入る。最近では激減し、各地で保護されている。

## セツブンソウ

日本の固有種で、ちょうど節分のころに地面近くに花を咲かせます。黄色の蜜弁に囲まれたブルーのしべが神秘的な美しさ。咲き出して間もないほど、青みが強く、時間が経つと紫色を帯びてきます。群生を形成しやすく、各地に名所があります。韓国原産の近縁種もあり、ヒナマツリソウと呼ばれています。

※学名：*Eranthis pinnatifida*
※キンポウゲ科の宿根草
※花期：2月〜4月上旬
※花言葉：光輝

早春

小さくてもアイリスの気品ある姿そのまま!

上／花弁の網目模様が個性的。アイリスの仲間のアヤメも漢字では「文目」と書き、花弁の模様に由来。下／園芸品種の'カンタブ'は爽やかな水色が魅力的。

※学名：*Iris reticulata*
※アヤメ科の秋植え球根
※花期：2月〜4月
※花言葉：よい便り

## アイリス・レティキュラータ

初夏に咲くアイリスを縮めたかのような花姿からミニアイリスとも呼ばれます。レティキュラータとはラテン語で網目を意味し、花弁にある美しい模様から名付けられました。園芸品種も多く、とくにブルー系の花色は魅力的。まだ厳寒の中で凛と咲くその姿は見るたびに心を奪われます。

## ナノハナ

アブラナ科アブラナ属の花を総称する名称で、花を楽しむナノハナとしては主にセイヨウアブラナが利用されます。早生種は1月から咲き出し、暖かいエリアでは12月下旬から咲き出す所もあります。早生、中生、晩生と組み合わせて咲かせることもできるので、ナノハナの名所は見頃が長い所が多くあります。

※学名：*Brassica rapa*
※アブラナ科の一年草
※花期：1月～5月
※花言葉：明るさ

早春

春まだ遠き時期に輝く
ひと足早く春景色を楽しめます

神奈川県の観光ガーデンでは1月上旬に早生種が満開になる。

うつむきがちに咲く姿が慎み深くエレガント

早春

## ヘレボルス・オリエンタリス

12月から咲き出すヘレボルス・ニゲルに続き、ヘレボルス・オリエンタリスが咲き出します。日本ではその両方を指して、クリスマスローズと呼んでいます。よく利用されるのは、ガーデンハイブリットと呼ばれる交配品種。シックな花色が多く、花弁に葉脈のような線模様が入るなど美しい品種が豊富にあります。

落葉樹の下で咲く一重の白花と八重咲きのガーデンハイブリット品種。八重咲きの花をのぞき込むと花弁にシックな赤紫の線模様が入り、惚れ惚れする美しさ。

※学名：*Helleborus orientalis*

※キンポウゲ科の宿根草

※花期：1月〜3月

※花言葉：私の心配をやわらげて

早春

ピンクの八重咲きの花が寒い時期にもたくさん咲きます

## ギョリュウバイ

漢字にすると御柳梅。古くから日本で親しまれている花木に思えますが、じつはオーストラリアとニュージーランド原産で、学名からレプトスペルマムとも呼ばれます。和名はウメ、学名はマム（キク）ですが、個人的にはウメともキクとも異なる新しい花の印象。花が密に咲く時期にはとても華やかになります。

個人邸の外花壇にも利用される。白花種はニュージーランドではマヌカと呼ばれ、独特な香りで人気のマヌカハニーはこの花から採れるハチミツを指す。

※学名：*Leptospermum scoparium*

※フトモモ科の常緑低木

※花期：11月〜翌年5月

※花言葉：人見知り

早春

# ダンコウバイ

関東以南の野山に自生しますが、昔から庭木としてもよく利用されています。花だけでなく、葉や秋に熟す実、幹からも白檀のような香りがすること、そして花がウメに似ていることから檀香梅＝ダンコウバイという名前に。花後に出る葉もふっくらとかわいらしい形。秋の実と黄葉など、なかなか見所が多い花木です。

小さな黄色の花のかたまりがポンポンと枝につく様子がとてもかわいらしい！ 細い枝が多く出て、その枝にも花がよく咲く。

花も葉も幹からも優雅で爽やかな香り

※学名：*Lindera obtusiloba*
※クスノキ科の落葉中木
※花期：2月下旬〜4月
※花言葉：永遠にあなたのもの

早春

爽やかな淡い水色が
早春の空気に似合う！

パッと見ると全体が淡い水色に見えますが、アップで見ると内側は白地に水色のストライプ。花の裏側は水色に染まる。雄しべ6本は花心で合体する。

※学名：*Puschkinia scilloides*
※キジカクシ科の秋植え球根
※花期：2月〜4月
※花言葉：豊かな感性

## プシュキニア

白い花弁の中央に水色のラインが一筋。アップで見るとその美しさに魅了されるのがプシュキニアです。コーカサス、トルコ、レバノン辺りが原産で、同じく早春に咲くシラー・シベリカに花姿が似ていることから、ストライプド・シラーとも呼ばれます。草丈は10〜15cmほど。地面に近い位置で咲く姿が可憐。

## シラー・シベリカ

〔早春〕

種類豊富なシラーの中で、もっとも開花が早いのが、小アジアからコーカサス地方原産のシベリカです。草丈が低くミニサイズなのが特徴で、花弁をパッと開いた星形の花を咲かせます。鮮やかなブルーと清楚な白花があります。

> 澄んだブルーはまるで宝石のよう!

※学名:*Scilla siberica*
※キジカクシ科の秋植え球根
※花期:2月〜4月中旬
※花言葉:多感な心

上／人気品種の'スプリングビューティー'。左／清楚な白花品種。

## チオノドクサ

学名はギリシア語のchion(雪)とdoxa(栄光)に由来。その意味からGlory of the snowという英名も。耐寒性がとても強く、まだ雪が積もる地面から顔を出して咲きます。寒冷地では再び雪に埋もれてもまた咲き出すこともあります。

※学名:*Chionodoxa*
※キジカクシ科の秋植え球根
※花期:2月〜4月中旬
※花言葉:栄光

> 和名は雪解百合(ゆきげゆり)。雪の地面から咲き出します

白からブルーの花弁がとてもきれい。ピンク花は可憐。

早春

## キバナセツブンソウ

セツブンソウから少し遅れて咲き出すのがキバナセツブンソウです。同じセツブンソウ属の仲間で、日本では主にヨーロッパ原産の交配種が出回っています。光沢のある明るい黄色の花を上向きに咲かせる姿がとてもキュート！

> セツブンソウに続いて咲き出します！

花と同時に展開する葉がみずみずしさを感じさせる。

※学名：*Eranthis hyemalis*
※キンポウゲ科の秋植え球根
※花期：2月～3月
※花言葉：気品

## ホトケノザ

雑草のイメージがありますが、早春からきれいな赤紫の花を咲かせるので、植栽に利用している観光ガーデンもあります。茎を取りまいてつく丸い葉を仏の台座にたとえて命名。何段にも重なってつく形状から三階草(さんがいぐさ)の和名もあります。

> 雑草というなかれ！
> 明るい赤紫の花がきれい

春の七草のホトケノザは別の植物のコオニタビラコのこと。

※学名：*Lamium amplexicaule*
※シソ科の宿根草
※花期：2月下旬～6月
※花言葉：調和

一番人気の
雫スイセン

早咲きの
ミニスイセン

早春

## スイセン

英国王立園芸協会に登録されたスイセンの園芸品種はすでに2万種以上。ラッパズイセン、大カップスイセン、八重咲きスイセン、房咲きスイセンなど、花の特徴により12区分に系統分けされ、ほかに早咲きのミニスイセンもあります。スイセンの群生が生み出す景色は、爽やかでまだ浅き春を感じさせます。

1.ラッパズイセンの'アイスフォーリス'。
2. うつむきがちに咲くことから雫スイセンとも呼ばれるトリアンドルス系のスイセン'タリア'。 3.ミニスイセンの'テータテート'は、誕生から70年以上たっても世界中で愛されている品種。 4.房咲きスイセンの'ゼラニウム'。

※学名：*Narcissus*

※ヒガンバナ科の秋植え球根

※花期：2月中旬〜4月

※花言葉：自己愛

早春

スイセンが咲く景色のなんとすがすがしいこと!

▶早春◀

2色咲きがキュートで
アップで見たくなる!

上／鮮やかな濃い青紫は、ムスカリの基本種のアルメニアカム。淡い水色は'レディブルー'。下／2色咲きの人気品種'タッチオブスノー'。

※学名：*Muscari*
※キジカクシ科の秋植え球根
※花期：3月〜5月上旬
※花言葉：明るい未来

## ムスカリ

ムスカリは地中海沿岸、西アジアが原産で、小さなベル型の花がブドウを逆さにしたような房になることからグレープヒアシンスとも呼ばれます。よく見られるのは、青紫のアルメニアカム。房の上下で花色が異なる2色咲きや羽毛ムスカリなども出回ります。花色も増え、白やピンク、緑の花も楽しめます。

早春

花弁の縁の色にご注目を！

# プリムラ・エラチオール

ヨーロッパ原産で、古くから親しまれている原種のプリムラです。交配品種が豊富にありますが、いずれもすっきりとした一重の花が野に咲く姿を連想させるのが大きな魅力。シックな花色にくっきりと縁取りが入る'シルバーレース'と、'ゴールドレース'もエラチオールの交配品種でとても人気があります。

1. クラシックで華やかな花姿にうっとり。交配品種も原種の面影を残す。 2. 黒い花弁に黄色の覆輪（ふくりん）が入るのが'ゴールドレース'。 3. 黒い花弁に白の覆輪が入るのが'シルバーレース'。

※学名：*Primula elatior*

※サクラソウ科の宿根草

※花期：12月〜翌年5月

※花言葉：青春の恋

## デージー

早春

和名をヒナギクといい、チロリアンデージーやイングリッシュデージーなどがあります。人気が高いのは中輪ポンポン咲きの'タッソーストロベリー＆クリーム'で早くから咲きます。'ポンポネット'にも早咲き品種があります。

スイーツみたいな花名も愛らしい！

上／'タッソー ストロベリー＆クリーム'。左／'ポンポネット'シリーズの白花品種。

※学名：*Bellis perennis*
※キク科の一年草
※花期：12月〜翌年5月
※花言葉：無意識

## スイートアリッサム

晩秋から花が咲き出し、春まで開花が続きます。5mm程度の花が密に咲き、草丈が低くこんもりした株姿になるので、花壇の縁取りによく利用されます。なお、アリッサムはアブラナ科アレチナズナ属で別の花なのでお間違いなく。

早春〜春の花壇の名脇役です！

上／純白の花があると土面が明るくなる。右／ピンクや紫もある。

※学名：*Lobularia maritima*
※アブラナ科の一年草・宿根草
※花期：9月下旬〜翌年5月
※花言葉：美しさを超えた価値

早春

## クリサンセマム・パルドサム

冬～春まで大活躍する白花。クリサンセマムは旧属名で、現在はレウカンセマム。花名より代表品種の'ノースポール'のほうがよく知られています。一回り花が大きな'スノーランド'も登場しています。

マーガレットに似た小さな白花が清楚

'ノースポール'はまだ草丈が低いうちからかわいらしい花を次々と咲かせます。

※学名：*Leucanthemum paludosum*
※キク科の一年草
※花期：12月～翌年5月
※花言葉：お慕いしています

## クリサンセマム・ムルチコーレ

クリサンセマムの黄花はムルチコーレから分類が変わりコレオステプス・ムルカウルスとなっています。ただ、現在でもクリサンセマムでよく出回っています。鮮やかな黄色の小花がキュート！

※学名：*Coleostephus multicaulis*
※キク科の一年草
※花期：3月～5月
※花言葉：誠実なあなたでいて

咲き出しのふんわりしたカップ状がかわいい！

花径3cmほどの小さな一重咲きなのに、つやのある鮮やかな黄色でよく目立つ。

# ボケ

early spring

日本原産のクサボケ、中国原産のマボケ、ボケと3種類があり、日本で多く栽培されているのは中国産のボケです。大正時代に栽培が盛んになり、大輪花の品種がたくさん生まれ、ボリューム感のある花が楽しめるようになりました。人気が高いのは咲き分け品種で、同じ株から赤、ピンク、白などの花が咲きます。

上／垣根仕立ては、花の時期にはこんなに華やかに。一重咲きだが、花がかたまって咲くのでボリューム感たっぷり。

- ※学名：*Chaenomeles speciosa*
- ※バラ科の落葉低木
- ※花期：3月〜4月
- ※花言葉：魅惑的な恋

咲き分け品種の美しい花色にご注目！

早春

# サンシュユ

中国名の山茱萸(さんしゅゆ)がそのまま使われていることに対し、日本の植物分類学の父と呼ばれる牧野富太郎博士は、春黄金花＝ハルコガネバナの和名を提唱しました。でも、サンシュユの響きが素敵なこともあってか、現在でもサンシュユの名前で親しまれています。葉が芽吹く前に花が咲くため、黄色の花色がよく目立ちます。

軽やかな花は今にも飛んでいきそう。花には4本の長い雄しべがあり、花の輪郭が少しぼんやりして優しい印象に見える。

※学名：*Cornus officinalis*
※ミズキ科の落葉中木
※花期：2月下旬〜4月
※花言葉：気丈な愛

黄色の花のかたまりがポンポンとつきます

早春

## ミモザ

フサアカシアやギンヨウアカシアの花を総称した呼び方がミモザ。ギンヨウアカシアは名前どおり葉色がシルバーがかり、葉が小さいのが特徴です。フサアカシアは葉が大きく明るい緑色です。どちらも花は5mm程度と小さいものの、とにかく花数が多い！ そのため、満開になると黄色の花で木全体が覆われ、その輝くような美しさに見入ってしまいます。

※学名：*Acacia*

※マメ科の常緑高木

※花期：2月下旬〜3月

※花言葉：友情

早春

黄金色に輝く
たっぷりの花房に
夢見心地

葉が短く小さなギンヨウアカシア。花が開くとふんわりした印象になり、とてもきれい！

お財布にミツマタが入っていますよ!

▶早春◀

## ミツマタ

枝が3つに分岐することから三又。おもしろいのは先端まで追っても枝が必ず3つに分岐すること。蕾は淡いクリーム色のフェルトのような質感で、その先端が黄色く染まったら開花です。花弁のように見えるのは、萼の先が裂けて反り返ったもの。ミツマタの黄色は濃く、その質感もあってぬくもりを感じます。

ミツマタは木の繊維質が長くて丈夫なことから、紙の原料に利用される。日本では1879年に初めてミツマタとアバカ(マニラ麻)が紙幣の原料とされ、現在の紙幣にも利用されている。

※学名:*Edgeworthia chrysantha*

※ジンチョウゲ科の落葉低木

※花期:2月下旬〜4月中旬

※花言葉:強靭

036

思わず触りたくなる
シルクのような質感

早春

1.シルバー色の花穂がたくさんつくと、春にだいぶ近づいていることを感じる。 2.本当にネコのしっぽのようでかわいらしい！ 3.ネコヤナギのピンク品種も最近よく見かける。

# ネコヤナギ

花穂がネコのしっぽに似ていることからネコヤナギと名付けられましたが、河原などによく自生することからカワヤナギという別名もあります。雄株と雌株が別々の雌雄異株(しゆうしゅ)で、それぞれ色も形も異なる花を咲かせます。4月上旬くらいから、雄しべ、または雌しべがたくさん伸びてきます。そのしべが花そのものです。

※学名：*Salix gracilistyla*

※ヤナギ科の落葉低木

※花期：2月下旬〜4月

※花言葉：自由な心

■ 早春

## アネモネ

庭でよく見かけるのが、大きな一重の花を咲かせるコロナリアで、'デカーン' はその代表的な品種です。最近では、花は小さいものの野趣があってかわいらしい原種系のパブニアや交配種のフルゲンスの人気が高まっています。

原種系のアネモネは野趣あるかわいらしさ！

左／コロナリアの'デカーン'。切り花でもよく見かける人気の品種。

※学名：*Anemone*
※キンポウゲ科の秋植え球根
※花期：2月～5月
※花言葉：君を愛す

## ラナンキュラス

ふんわりと優雅な花形と鮮やかな花色が魅力のラナンキュラスですが、盛んに育種が行われ、目覚ましい進化を遂げています。なかでも注目を浴びているのが、'ラックス・シリーズ'で、花弁にプラスチックのような光沢感があります。

ふんわりしているのは花弁の枚数が多いから

右／花弁の光沢感がユニークな'ラックス ミネルバ'。

※学名：*Ranunculus asiaticus*
※キンポウゲ科の秋植え球根
※花期：2月中旬～5月上旬
※花言葉：晴れやかな魅力

## プルモナリア

**ピンクからブルーへ。色変わりが美しい！**

耐寒性が強く、小さな株のうちから花を咲かせながら、葉も成長していきます。よく出回るのは、サッカラータの園芸品種で、葉に白い斑点が入るものが多くあります。咲き出しのピンクからブルーへと変わる品種がとてもきれい！

※学名：*Pulmonaria*
※ムラサキ科の宿根草
※花期：2月中旬〜5月中旬
※花言葉：気品

'ブルーエンサイン'は目が覚めるような鮮やかさ。

## ハナニラ

学名のイフェイオンのほか、花がかわいらしい星形をしていることからスプリングスターフラワーという英名でも出回ります。ちなみに和名のハナニラは、茎を折るとニラ臭がすることから名付けられています。

※学名：*Ipheion uniflorum*
※ネギ科の秋植え球根
※花期：2月〜5月
※花言葉：別れの悲しみ

**丈夫で年々増えるので街中でもよく見かけます**

上／すっきりした星形が魅力。
右／ピンク花もキュート！

濃淡ピンク〜白。
なんてかわいらしい花色!

▮早春▮

上／咲き始めの濃いピンクから淡いピンク、白へと色変わりする'ストロベリーホイップ'。下／こんもりとした大株に育った姿を見ると、低木であることに納得。

※学名：*Argyranthemum*
※キク科の低木
※花期：3月〜6月、10月〜12月
※花言葉：心に秘めた愛

## マーガレット

白花が清楚なマーガレットですが、最近、花色が増え、ピンクの濃淡やクリーム色なども楽しめるようになっています。宿根草と思われがちですが、株が大きくなると茎が太くなり木質化してきます。'ストロベリーホイップ'や'デイジーイエロー'など色変わりする品種が人気を集めています。

040

早春

春の到来を告げる芳香。
三大香木の一つです

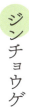

上/最近人気のシロバナジンチョウゲは爽やかな印象。下/よく栽培されているのは、花弁の外側が淡いピンクになっているウスイロジンチョウゲ。

※学名：*Daphne odora*
※ジンチョウゲ科の常緑低木
※花期：2月下旬～4月中旬
※花言葉：永遠

## ジンチョウゲ

早春のジンチョウゲ、初夏から夏のクチナシ、秋のキンモクセイは、日本の三大香木といわれます。魅力的な香りがするだけでなく、ジンチョウゲの別名の千里香(せんり)花(ばな)は香りが遠くまで届くことからつけられたもの。甘く優しい香りなので、古くから香水にも利用されています。ピンクのほか、白花や斑入り葉品種もあります。

▶ 早春

## ユキヤナギ

中国原産で、古い時代に渡来し、関東地方以西では河原などで自生している姿も見られます。満開時には小さな白花が密に咲いて枝が見えないほど。その枝が右へ左へと枝垂れるので、ひと株だけでも爽やかで躍動感のある景色を生み出します。淡いピンク色の花が咲く'フジノピンク'もかわいらしい！

※学名：*Spiraea thunbergii*
※バラ科の落葉低木
※花期：3月中旬〜4月
※花言葉：静かな思い

早春

枝が隠れるほどに白花が咲く景色はまるで雪が降り積もったよう

上／ずらりと一列にユキヤナギが並ぶ景色は躍動感がある。右／淡いピンクの'フジノピンク'。

爽やかで上品な香りに心が落ち着きます

▶早春

## ヒアシンス

ギリシアやシリアなどが原産で、ボリューム感のあるダッチヒアシンスと、野草のように楚々とした雰囲気のローマンヒアシンスがあります。強すぎず主張することなく、誰をも心地よくする香りも魅力。香水などの香り成分に使われる分類では、グリーンノートにあたり、青葉を思わせる爽やかな香りです。

上/ヒアシンスの青花を代表する'デルフトブルー'。オランダで改良されたダッチヒアシンス。下/ピンクの品種がアネモネと一緒に咲く景色は春らしい華やかさ。

※学名：*Hyacinthus orientalis*
※キジカクシ科の秋植え球根
※花期：3月〜4月
※花言葉：初恋のひたむきさ

早春

ひとひらの雪。
素敵な花名にうっとり！

ベル型の花が1本の花茎に1〜4個くらい釣り下がるようにつく。花弁1枚ずつの先端に緑色の斑が入るのも爽やかでかわいらしい。

※学名：*Leucojum aestivum*
※ヒガンバナ科の秋植え球根
※花期：3月上旬〜4月中旬
※花言葉：けがれのない無垢な心

## スノーフレーク

花名を直訳すると「ひとひらの雪」。細長い葉がたくさん茂る株の上部にまるで雪片が舞い降りたかのように白い花を咲かせます。葉がスイセンに似て、花がスズランのようなベル型なことから、和名はスズランスイセン。原産地は中央ヨーロッパ及び地中海沿岸で、日本に渡ってきたのは昭和初期だといわれています。

▼ 早春 ▼

# 春の妖精たちを見逃さないで！
## スプリングエフェメラル

早春～春に花を咲かせ、夏前には枯れて地上部が姿を消してしまう植物。それをイギリスでは「スプリングエフェメラル」と呼びます。直訳すると春の儚（はかな）きものたち。儚きものを妖精にたとえ、春の妖精たちの意味でも使われます。すぐに消えてしまうと知ると、より愛おしさが増すもの。いくつか紹介しますので、見つけてみてください。

カタクリ
ユリ科
花期：3月～4月

花弁が反り返ります！

セツブンソウ
キンポウゲ科
花期：2月～4月上旬
※P.16で紹介

しべのブルーが神秘的

イチリンソウ
キンポウゲ科
花期：4月～5月上旬

純白の丸い花が愛らしい！

ショウジョウバカマ
シュロソウ科
花期：2月～4月

地域によってピンクや紫の花も！

# 2

# 春

サラサモクレンは
優しいピンクが魅力

花が格段に大きい
園芸品種の'サヨナラ'

## モクレン

ソメイヨシノより少し早く咲き出し、花が大きくよく目立つので、この花が季節の変わり目の合図のようにも感じられます。中国原産で、日本には平安時代には渡来していたといわれます。ハクモクレン、シモクレンなどの原種のほか、交雑から生まれたサラサモクレンなどがあり、交配品種も続々と誕生しています。

1.サラサモクレンはモクレンとハクモクレンの交配種。 2.ひときわ花が大きな'サヨナラ'は、別れの際に振るハンカチーフのように見えることから名付けられた。学名もMagnolia'Sayonara'。 3.淡い黄色の'エリザベス'は新鮮な印象。咲き進むにつれ花色がより淡くなる。

※学名：*Magnolia liliiflora*
※モクレン科の落葉高木
※花期：3月中旬～4月中旬
※花言葉：自然愛

いよいよ春本番！
ふくよかな花を見ると
おおらかな気持ちに

## チューリップ

3月上旬から原種系が咲き出し、早生種、中生種、晩生種が咲くので、開花期の異なる品種を組み合わせると意外に長く楽しめます。一重咲き、八重咲き、花弁が縮れたパーロット咲き、クラウン咲きなど、異なる花形があり、花色のバリエーションも豊富。観光ガーデンで素敵な組み合わせを見るのも楽しみの一つです。

※学名：*Tulipa*
※ユリ科の秋植え球根
※花期：3月〜5月上旬
※花言葉：美しい瞳

景色が一気に華やかに。チューリップのパワーが生み出す春爛漫!

春

花色、花形の異なる品種を組み合わせると、チューリップだけでこんなに表情豊かな景色に。

> 輝くような黄金色に木が染まります

## レンギョウ

早春から春に黄色の花を咲かせる花木が多い中、とりわけ鮮やかなのがレンギョウ。満開近くになると木全体が輝くような黄色になります。よく見かけるのは中国原産のシナレンギョウで、花と同時に葉が展開します。朝鮮半島原産のチョウセンレンギョウは、枝が弓なりにしなり、葉が展開する前に花が咲きます。

何本もの枝が地際から出て伸び、その枝の下のほうから花がつくので、株全体が黄色に染まって見える。

※学名：*Forsythia*
※モクセイ科の落葉低木
※花期：3月中旬〜4月中旬
※花言葉：豊かな希望

# コブシ

日本には固有種のシデコブシがあり、かつてはその開花がタネまきや田植えの時期の目安とされてきました。コブシは生育力がとても旺盛で、モクレンの園芸品種を育種する際の台木としてもよく利用されます。シデコブシはこぢんまりと樹形が整い、その交配から魅力的な園芸品種が豊富に生まれています。

上／コブシの基本種の白花。モクレンはほとんどの花が上向きに咲くが、コブシは上向きのほか左右に向いて咲く花もある。

淡い花色が優雅な'ウォーターリリー'

※学名：*Magnolia kobus*
※モクレン科の落葉高木
※花期：3月中旬〜4月中旬
※花言葉：友情

## スミレ

スミレの仲間は北半球の温帯地域を中心に約400種が分布し、日本で自生する野生種は80種あまり。いちばん多いのがタチツボスミレで、淡い紫の花、ハート形の葉が特徴。丈夫な性質で、住宅街の空き地などでも咲いています。

※学名：*Viola mandshurica*
※スミレ科の宿根草
※花期：3月下旬〜5月
※花言葉：ひそかな愛

住宅地でもよく見かけます

淡い紫色はタチツボスミレ。濃い紫色はニオイスミレ。

## ビオラ

冬に植えつけた苗は、3月中旬から株を覆うくらい花を咲かせます。最近では個人育種の品種が揃い、珍しいビオラが手軽に入手できるようになっています。しゃれた花色や個性的な花形の品種が豊富にあるのがビオラの大きな魅力。

※学名：*Viola*
※スミレ科の一年草
※花期：10月下旬〜翌年5月
※花言葉：ゆるぎない魂

グラデーションが美しすぎる！

上／'ビビ'シリーズのブルー系。
右／ラビット系の品種。

春

## エリスロニウム

> カタクリの仲間には淡い黄花もあります

カタクリの仲間で、淡い黄色の花を咲かせる'パゴダ'という園芸品種がよく栽培されます。花弁が大きく外側に反るのは日本のカタクリと同じですが、カタクリより花弁の幅があり、葉も大きいため、花壇の中で存在感を示します。

上／淡い黄色の'パゴダ'。
左／日本に自生するカタクリ。

※学名：*Erythronium*
※ユリ科の秋植え球根
※花期：3月〜4月
※花言葉：初恋

## プリムラ・マラコイデス

> 濃淡ピンクの花がふんわり咲くのが素敵！

プリムラの中で、草丈が高めで花がたくさん咲くふんわりした姿が魅力的なのがマラコイデスです。和名はオトメザクラ。花色はピンク、白、紫のほか、淡いクリーム色や藤色も登場しています。

木の根元を覆い隠すようにふんわり花が咲く華やかな景色。

※学名：*Primula malacoides*
※サクラソウ科の一年草
※花期：1月〜4月
※花言葉：素朴

# ヒュウガミズキ

▶ 春 ◀

透けるような淡黄色が優しい印象。近畿地方の日本海側に自生しますが、台湾にも自生種があるともいわれています。江戸時代には園芸植物としてとても人気があったそうです。それほど手をかけなくても自然に半球状の整った樹形になることから、個人邸の庭や外周りの植栽によく利用されます。

小さめの花が2〜3個ずつかたまって咲く。近縁種のトサミズキは花が12〜15個くらい連なって長い花房になる。

※学名：*Corylopsis pauciflora*
※マンサク科の落葉低木
※花期：3月中旬〜4月中旬
※花言葉：思いやり

黄花の花木の中でももっとも優しい花色

# アメリカハナズオウ

北アメリカ中部から東部に分布するハナズオウの仲間で、'フォレストパンシー'という品種はとても人気があります。濃いピンクの花が華やかで、さらに出始めの葉は赤みが強く、鮮やかでつやつや。その後はシックな赤に変わりますが、カラーリーフとして庭や外周りの植栽によく利用されています。

花が満開になる直前から葉が展開。小さなハート形がそのまま大きく成長していくのもおもしろい。

- ※学名：*Cercis canadensis*
- ※ジャケツイバラ科の落葉中木
- ※花期：4月
- ※花言葉：希望

新葉は赤いハート形。花も葉もかわいらしい

## ワスレナグサ

勿忘草と書いてワスレナグサ。これは英名のForget me not＝私を忘れないでを直訳したもの。ワスレナグサにまつわる悲恋の伝説があり、それが花名の語源になっているという説もあります。美しい水色は春の花壇の名脇役です。

春の花壇を優雅にする水色の花は貴重！

上／株姿の美しさも魅力。
左／ピンク花も愛らしい！

※学名：*Myosotis*
※ムラサキ科の一年草
※花期：3月下旬〜6月上旬
※花言葉：私を忘れないで

## アルメリア

すっと伸びた茎の先端にボール状に花房をつける姿から、ハマカンザシの和名でも知られます。アルメリアとはケルト語で海の近くという意味。日本ではマリチマという原種の交配品種がよく出回り、ピンクのほか白花もあります。

花姿はたしかにかんざしのよう

乾燥に強い性質で、花は少しかさっとした感触。ボール状の花房がかわいらしい。

※学名：*Armeria*
※イソマツ科の宿根草
※花期：3月〜5月
※花言葉：同情

## ネモフィラ

> ひと株でも心に染みる春の青です

北アメリカ原産で日本に渡来したのは大正時代の初めのこと。ブルーの絶景で知られるのは 'インシグニスブルー' で、白い花弁の縁に紫の斑点が入るマクラータ、黒に近い紫色に白い縁取りが入る 'ペニーブラック' などがあります。

※学名：*Nemophila*
※ムラサキ科の一年草
※花期：3月下旬～5月
※花言葉：他人思い

上/'インシグニスブルー'。
左/斑点が入るマクラータ。

## アジュガ

> シソ科の植物では真っ先に咲き出す花

青紫の花穂が美しく、草丈が低めのアジュガは、早春から春にかけての花壇で大活躍。常緑性で冬季は葉を地面に広げるロゼットという状態で寒さを凌ぎます。よく利用されるのは、レプタンスの交配品種で、ピンクもあります。

※学名：*Ajuga*
※シソ科の宿根草
※花期：3月～5月
※花言葉：心が休まる家庭

草丈が低めなので、花壇や小径の縁取りによく使われる。

江戸時代に生まれた品種が今でも人気

写真はともに'矢口'で、立ち性の基本的な樹形。枝が上に向かって伸び、樹高が高くなる。八重咲きが華やかな印象。

※ 学名：*Prunus persica*
※ バラ科の落葉高木
※ 花期：3月中旬〜4月中旬
※ 花言葉：あなたに心を奪われた

# ハナモモ

中国から伝わったモモは、江戸時代に花を観賞するために改良が行われ、多くの品種が生み出されました。桃の節句に飾るのは切り花で出回る八重咲きの'矢口'が多く、これも江戸時代から親しまれている品種。立ち性のほか、枝垂れ性、ほうき性と異なる樹形があり、植える場所に適した樹形を選べます。

まるでピンクの魅力を凝縮したような美しさ！

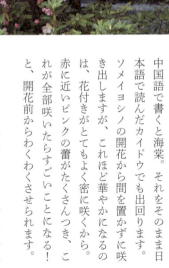

## ハナカイドウ

中国語で書くと海棠。それをそのまま日本語で読んだカイドウでも出回ります。ソメイヨシノの開花から間を置かずに咲き出しますが、これほど華やかになるのは、花付きがとてもよく密に咲くから。赤に近いピンクの蕾がたくさんつき、これが全部咲いたらすごいことになる！と、開花前からわくわくさせられます。

ふっくらした蕾もキュート。リンゴと同属だが、八重咲き種はリンゴの花より花弁の枚数が多く、弁先がギザギザしているので、より華やかに見える。

※学名：*Malus halliana*
※バラ科の落葉中木
※花期：4月〜5月上旬
※花言葉：友情

上／オオシマザクラの園芸品種'手弱女(たおやめ)'。下左／緑花の代表品種'鬱金(うこん)'。とても新鮮な印象。下右／'紅華(こうか)'という品種で、オオヤマザクラとサトザクラの雑種の交配種。

※学名：*Cerasus*
※バラ科の落葉高木
※花期：3月〜4月
※花言葉：豊かな教養

日本には魅力的なサクラがいっぱい

## サトザクラ

日本にはオオシマザクラ、ヒガンザクラ、そして各地に野生種のヤマザクラが自生しています。おもにオオシマザクラを親として交配された品種を総称してサトザクラと呼びます。ソメイヨシノはオオシマザクラとエドヒガンザクラの雑種で、これもサトザクラの一種。華やかで魅力たっぷりの品種が豊富にあります。

一重のすっきりした花が
かわいらしい

春

## リンゴ

リンゴの産地は冷涼な気候のエリアですが、最近では東京などの温暖地でも栽培できる品種が生まれ、街中でもリンゴの花を楽しむことが可能です。その代表品種が〝ぐんま名月〟で、味もおいしく人気があります。〝アルプス乙女〟で知られるミニリンゴもよく見かけます。一重の花に素朴な美しさを感じます。

かわいらしい花がたくさん咲く春の華やかな樹姿も人気。濃いピンクの蕾が開花してくると白、または淡いピンクになり、それが入り交じる様子が優しげ。

※学名：*Malus pumila*
※バラ科の落葉低木・高木
※花期：4月
※花言葉：選ばれた恋

## ストロベリーキャンドル

ストロベリーキャンドルは流通名で、英名のクリムゾンクローバーでも知られます。原産地のヨーロッパでは宿根草ですが、日本では夏の高温多湿に耐えられず、一年草扱いとされます。

イチゴのような花が咲くクローバーです

鮮やかな赤がかわいらしい！ 葉を見るとクローバーの仲間だとわかる。

※学名：*Trifolium incarnatum*
※マメ科の一年草
※花期：4月〜6月
※花言葉：胸に灯をともす

## ヤグルマギク

花の形が矢車に似ていることが花名の由来。群生すると、風通しのよさげな花が軽やかで、ナチュラルな雰囲気のガーデンによく似合います。澄んだブルーが美しく、ほかにピンクや赤紫、黒みがかった赤紫などの花色があります。

矢車みたいな花がとても軽やか

右／個性的な花形の'アメジストインスノー'も人気。

※学名：*Centaurea cyanus*
※キク科の一年草・宿根草
※花期：4月〜6月
※花言葉：デリカシー

## アグロステンマ

群生が風になびく景色が美しい

原産地は地中海沿岸地方から西アジアにかけてで、ヨーロッパでは畑や牧草地などで咲くことから「麦畑の雑草」とも呼ばれます。ムギセンノウ、ムギナデシコと、和名にも麦が入ります。茎が細く、風が吹くとなびくシーンも魅力的。

※学名：*Agrostemma*
※ナデシコ科の一年草
※花期：4月〜6月
※花言葉：気持ちがなびく

上／よく利用される原種のギタゴ。左／淡いピンクの'桜貝'。

## アリウム・トリクエトルム

かたまって咲くと白いブーケのよう

初夏に咲くアリウムには多くの種類がありますが、そのなかでいち早く開花するのがトリクエトルムです。白地に緑の筋が入ったベル型の花が爽やかで愛らしく、よく増えて自然に群生します。

※学名：*Allium triquetrum*
※ネギ科の秋植え球根
※花期：4月〜5月
※花言葉：不屈の心

英名はワイルドオニオン。ネギやニラと同じ仲間で、ハーブとして食用にもされる。

## ヒアシンソイデス

ヒアシンソイデスには大きく2つの種類があり、一つはスパニッシュブルーベルのヒスパニカ、もう一つはイングリッシュブルーベルのノンスクリプタです。イギリスではイングリッシュブルーベルがこよなく愛されていますが、絶滅の危機にあり、保護する目的で、輸出入を禁止する動きが始まっています。

2つのブルーベル。爽やかなブルーが心を落ちつかせます

春

※学名：*Hyacinthoides*
※キジカクシ科の秋植え球根
※花期：4月〜5月
※花言葉：謙遜

上／爽やかなスパニッシュブルーベルの群生。左下／イングリッシュブルーベルは、茎の片側に花が並ぶ。

# キンギョソウ

▼春

花をアップで見ると、口を開けた金魚に似ていることが名前の由来です。英名はスナップドラゴン。日本ではかわいい金魚なのにイギリスでは龍と、同じ花でも印象はずいぶんと異なるようです。切り花でもおなじみの高性種のほか、こんもりと茂る矮性種もあり、春〜初夏の花壇でどちらも大活躍しています。

上／高性種の'レジェ ピンク ソーダ'。オルレアの白花との組み合わせがエレガント。草丈は70〜100cmほどになる。

※学名：*Antirrhinum majus*

※オオバコ科の一年草

※花期：4月中旬〜6月

※花言葉：おしゃべり

矮性種'ツィーニー'は鮮やかな花色が魅力

花が連なる姿に
鯛釣草（たいつりそう）の和名も納得

すでに10個以上の花が咲いているが、茎の先端にはまだ蕾が開花準備中。ハート形の花がイヤリングのように吊り下がるのがかわいらしい！

## ケマンソウ

寺院の仏堂を飾る荘厳具の華鬘（けまん）に花の形が似ていることが花名の由来で、タイツリソウの名前でも知られています。花茎がしなやかで、ハート形の花がいくつも並んでアーチ状に湾曲する草姿が魅力的でとても人気があります。白花もあります。なお、全草に毒があるので誤食しないように気をつけてください。

※学名：*Lamprocapnos spectabilis*
※ケシ科の宿根草
※花期：4月〜5月
※花言葉：あなたについていきます

## リナリア

一年草と宿根草があり、よく見かけるのは、ヒメキンギョソウという和名でも親しまれている一年草タイプ。花壇では草丈が25cmほどの矮性種がよく利用されます。高性種は茎が細く、風でそよぐような自然な草姿が楽しめます。

細い茎につける花穂が可憐な印象

矮性種の'グッピー'シリーズ。どの花色も優しい色合いなのが魅力。

※学名：*Linaria*
※オオバコ科の一年草・宿根草
※花期：4月～6月
※花言葉：この恋に気づいて

## ニゲラ

ラテン語で黒を意味する niger が語源。花後にできる膨らんださやの中には語源となった黒いタネが入っています。花の周りを苞（ほう）と呼ばれる糸状の葉が囲み、花の輪郭をふわっとさせるので、よりナチュラルな印象をもたらします。

※学名：*Nigella*
※キンポウゲ科の一年草
※花期：4月～6月
※花言葉：夢の中の恋

草原で咲いているかのよう。繊細でナチュラルな草姿。

右／花後につく風船のようなさやは赤紫の筋入りでおしゃれ。

## カスミソウ

> 切り花で定番の花はガーデンでも大活躍！

地中海沿岸からアジアにかけてが原産で、高温多湿に弱いので、日本の気候では庭での栽培が難しいといわれていましたが、最近、丈夫な性質の品種が次々と誕生し、庭でも楽しめるようになりました。以前より花が大きいのも魅力。

大輪品種の'コベントガーデン'は、花の白さが際立つ。

※学名：*Gypsophila*
※ナデシコ科の一年草・宿根草
※花期：5月〜7月
※花言葉：静心

## フェリシア

> パステル調の優しい花色が魅力

よく栽培されるのはヘテロフィラの'スプリングメルヘン'という品種。薄紫や白、淡いピンクがあり、ミックスで植えても、単色にしても春らしい景色に。斑入り葉が人気のブルーデージーは、フェリシア・アモエナの一種です。

※学名：*Felicia heterophylla*
※キク科の一年草
※花期：4月〜6月
※花言葉：純粋

'スプリングメルヘン'は株元から分岐して茎が伸び、1株でもたくさん花が咲く。

リボンのような花が華やか。
色付く垣根が美しい！

■春■

# トキワマンサク

最近、垣根や街路樹などでよく利用されるのがトキワマンサクです。マンサクと異なるのは、常緑性でたまご形の葉が密集した上に花が咲くこと。そのため密度感があり、目隠し効果もあります。基本種の白花のほか、濃淡ピンクの花を咲かせるベニバナトキワマンサクも華やかで人気があります。

上／白花から突然変異で生まれた濃淡ピンクの花が咲くベニバナトキワマンサク。緑、シックな銅葉、赤紫など葉色が異なる品種がある。下／白花は爽やかな印象。

※学名：*Loropetalum chinense*
※マンサク科の常緑中木
※花期：4月～5月上旬
※花言葉：おまじない

春

小さな手まりの花の
かわいらしさに惚れ惚れ

上／枝が細くてよくしなるので、枝垂れる姿が美しい。下／八重咲きのコデマリは花房にボリューム感があり、白さが際立つ。

## コデマリ

手まり×枝垂れ×白花。かわいらしさを生み出す3要素を備えた花木です。ユキヤナギの仲間ですが、ユキヤナギより開花が遅く5月中旬まで楽しめます。古い時代に中国から渡来し、江戸時代初期には観賞用として栽培が盛んに行われました。株元から枝がたくさん出て、それが弓なりに枝垂れる姿が魅力的。

※学名：*Spiraea cantoniensis*
※バラ科の落葉低木
※花期：4月中旬〜5月中旬
※花言葉：伸びゆく姿

## モッコウバラ

種類豊富なバラの中で、真っ先に咲き出すのが中国原産のモッコウバラ。黄花は4月の中旬に咲き出し、少し遅れて白花も開花します。一季咲きで、一斉にたくさんの花が咲くシーンは見応えがあります。フェンスやアーチ、壁面に這わせるなど、観光ガーデンだけでなく、個人邸でもよく利用されています。

※学名：*Rosa banksiae*
※バラ科のつる性半常緑花木
※花期：4月中旬〜下旬
※花言葉：幼いころの幸せな時間

春

数あるバラに先駆けて愛らしい花が咲きます

八重咲きのキモッコウバラのアーチ仕立て。10輪ほどが房になって咲く。

# キンセンカ

▶春

切り花で仏花の印象が強い花ですが、最近、しゃれた花色が続々と登場し、注目を集めています。黄色とオレンジ色のほか、淡いアプリコット色やクリーム色も登場し、なかには花弁の裏がブロンズ色の大人っぽい品種もあります。プロのガーデナーさんも新しいキンセンカを積極的に花壇に取り入れています。

上／大輪種の'オレンジスター'と'ゴールドスター'の花壇。右／優しい花色の'キングレットアプリコット'。

しゃれた花色の'ブロンズビューティー'

※学名：*Calendula*
※キク科の一年草・宿根草
※花期：4月〜6月
※花言葉：繊細な美しさ

# シャーレーポピー

花名はイングランドのコーンウォール州のシャーレーという地名が由来。そこで暮らしていた牧師が選抜を繰り返して育種し、世界中に広まった品種といわれています。育種の元はヨーロッパ原産のパパヴェル・ロエシスで、和名のヒナゲシのことです。現在ではヒナゲシとして流通するほとんどがシャーレーポピーです。

ヒナゲシは虞美人草（ぐびじんそう）とも呼ばれ、フランスではコクリコ、スペインでは赤花を指してアマポーラと呼ぶ。なんて素敵な花名！

半八重咲きの花も！グラデーションがきれい

※学名：*Papaver rhoeas cv.*
※ケシ科の一年草
※花期：4月〜6月
※花言葉：いたわり

## プリムラ・ベリス

原産地のヨーロッパではカウスリップと呼ばれ、春の訪れを告げる花として愛されています。また、ハーブとしても利用されます。和名はキバナノクリンザクラ。原種系のプリムラらしく、山野草の風情もあり、日本でも人気。

※学名：*Primula veris*
※サクラソウ科の宿根草
※花期：3月下旬〜4月下旬
※花言葉：豊かさに恵まれる

花には石けんのような香りがあります

優しい黄色の花が下向きに咲く姿がかわいらしい。

## スズラン

日本原産種がありますが、夏の高温多湿に弱いため、栽培は冷涼な地域に限られます。温暖地でよく利用されるのはヨーロッパ原産のドイツスズランで、性質が丈夫で、花も草姿も大きいのが特徴です。

※学名：*Convallaria*
※キジカクシ科の宿根草
※花期：4月〜5月
※花言葉：清らかな愛

愛らしいベル型の花。温暖地でも咲きます

花が葉より上に出て咲くのはドイツスズラン。園芸品種にピンクスズランもあります。

## ハナビシソウ

絵になる景色を生み出す花

漢字にすると花菱草。英名のカリフォルニアポピーでも出回ります。ふんわりと開いた花が軽やかで、群生するとフォトジェニックな景色に。光を感じると開く性質なので、晴れた日には、色鮮やかな景色が楽しめます。

※学名：*Eschscholzia californica*
※ケシ科の一年草
※花期：4月～6月
※花言葉：希望のもてる愛

オレンジ色が基本で、園芸種には白や赤、ピンクもある。

## シラー・ペルビアナ

春から初夏へ。花壇のつなぎ役です

100種類以上もの原種がある中の一つがペルビアナで、青紫の花が傘のようにドーム状に集まって咲きます。宿根草がぐんぐんと成長する時期でも、草丈の低いペルビアナなら邪魔にならず、季節のつなぎ役としてよく利用されます。

※学名：*Scilla peruviana*
※キジカクシ科の秋植え球根
※花期：4月下旬～5月
※花言葉：多感な恋

花序の中心まで花が開くと、きれいなドーム状になる。

まるでレースの生地を広げたよう

原産地のヨーロッパでは宿根草だが、日本では夏の高温多湿で傷んでしまうため、一年草扱いとされる。

※学名：*Orlaya grandiflora*
※セリ科の一年草
※花期：4月中旬〜7月中旬
※花言葉：可憐な心

## オルレア

春に咲く白花の中でも、人気があるのがオルレアです。学名どおりにオルラヤと呼ばれることもあります。セリ科の花といえばノラニンジンやレースフラワーの名で知られるダウカスなどがありますが、オルレアも葉が茂る様子などはそれによく似ていて、セリ科の花がもつ繊細な魅力をたっぷりと感じさせてくれます。

春

アップで見ると素朴で繊細な花

小径沿いに咲くシバザクラがかわいらしい。花壇の縁取りなどによく利用される。ピンクや白のほか、紫、青紫などの花色がある。

※学名：*Phlox subulata*
※ハナシノブ科の宿根草
※花期：4月〜6月
※花言葉：耐える力

## シバザクラ

フロックスの仲間で、這うように広がって育つ種類の一つが、シバザクラです。北アメリカ原産で、丈夫な性質で生育旺盛。1mくらい茎葉を伸ばし、カーペットのように広がります。その性質と明るい花色を利用した春の絶景はすっかりおなじみとなりましたが、庭の一部にこの花が咲く景色も素朴で美しいものです。

## フジ

日本原産の固有種。長い花房の美しさは今や世界中で人気となり、世界各地で栽培されています。フジ属にはノダフジとヤマフジがあり、ノダフジは上から見たときにつるが時計回り、ヤマフジは時計と反対回りになるのが特徴です。ノダフジには園芸品種が豊富にあり、花房の長さが2m近くになる品種もあります。

※学名：*Wisteria floribunda*
※マメ科のつる性落葉花木
※花期：4月中旬〜5月中旬
※花言葉：歓迎

世界に誇れる日本の固有種。垂れ下がる長い花房は圧巻の美しさ

春

ノダフジの園芸品種。花房は短めだが、ごく淡い紫色の花に鮮やかな青みが加わる花が美しい。

# ヤマブキ

▮春▮

日本の伝統色の一つである山吹色は、この花色からとったもの。古くから親しまれている花木ですが、最近では一重ではなく、八重咲き品種がよく利用されています。八重咲きは花が立体的で、枝垂れる姿もボリューム感があり、遠目にもよく目立ちます。学名にジャポニカとつきますが、原産地は日本と中国です。

上／一重咲きはすっきりした美しさ。枝垂れる姿が華やか。
右／ボリューム感ある八重咲き。雄しべは花弁に変化している。

シロヤマブキは花弁が4枚。別種の花木です

※学名：*Kerria japonica*
※バラ科の落葉低木
※花期：4月〜5月
※花言葉：気品が高い

春

黄金色の花房は誰をも魅了します

## キングサリ

キフジ、キバナフジとも呼ばれ、フジの花色違いと思われがちですが、フジとは別種の花木です。輝くような黄色の花が連なって長い房になる姿から、英名はゴールドチェーン。ヨーロッパの中部〜南部が原産で、日本の高温多湿に弱い性質ですが、最近では上手に管理してきれいに咲かせているシーンも見かけます。

フジのように棚仕立てにするケースは少なく、自然樹形のまま長く垂れる花房が楽しめる。花房の長さは20cmほど。鮮やかで透明感のある黄色に惚れ惚れ。

※学名：*Laburnum anagyroides*

※マメ科のつる性落葉花木

※花期：4月下旬〜5月

※花言葉：はかない美

# 愛らしくてたまらない！ フォトジェニックな蕾に注目

見たかった花が開花していないこともよくあります。でも、がっかりせずに、もうすぐ花開こうとしている蕾を探してみてください。まだ固くきゅっと締まった蕾や花弁がほどけかけてきたときのかわいらしいこと！
蕾は色濃く、開くと淡い色という花も多く、その変化に驚くことも！ とてもフォトジェニック（写真映えがよい）なので、ぜひ撮影しておいてください。

▶春◀

開くと
紅と白の
バイカラーに！

シュッと尖った蕾は原種系チューリップの'ペパーミントスティック'。

開きかけの
ふっくらした
姿も
キュート！

クロッカスの'ピックウィック'。蕾のときからストライプ模様が入っています。

初夏に大きな花を咲かせるシャクヤクは、蕾のときからこの存在感。

ハルジオンは蕾は下向きで、徐々に上向きになって開花します。

ハナカイドウは蕾が色濃く、開くと淡い花色になります。

# CHAPTER 3

# 初夏

ほのかに甘い香りで
開花を知らせます

初夏

## ハニーサックル

ハニーサックルとはスイカズラ科スイカズラ属の花木を総称する英名で、学名のロニセラでも知られます。ハニーはハチミツ、サックルは吸う。花に甘い蜜がたっぷりあり、ミツバチがよく吸いにくることが名前の由来。甘く爽やかな香りをもつ種類が多く、ヨーロッパでは古くからハーブとしても利用されています。

優しい黄色やピンクの花色がある。日本原産のスイカズラもロニセラの仲間。江戸時代、徳川家康は香りのよいスイカズラを漬け込んだお酒を愛飲していたそう。

※学名：*Lonicera*
※スイカズラ科のつる性半常緑花木
※花期：5月〜7月
※花言葉：献身的な愛

枝垂れる姿が優雅な日本の固有種です

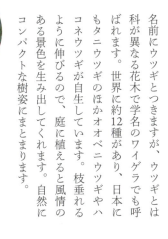

## タニウツギ

名前にウツギとつきますが、ウツギとは科が異なる花木で学名のワイゲラでも呼ばれます。世界に約12種があり、日本にもタニウツギのほかオオベニウツギやハコネウツギが自生しています。枝垂れるように伸びるので、庭に植えると風情のある景色を生み出してくれます。自然にコンパクトな樹姿にまとまります。

上／日本に自生するタニウツギ。下左／オオベニウツギの斑入り種'バリエガータ'。下右／オオベニウツギの園芸品種。濃いピンクにしべの白がよく映える。

※学名：*Weigela hortensis*
※タニウツギ科の落葉低木
※花期：5月〜6月
※花言葉：豊麗

## オオデマリ

日本に自生するヤブデマリの萼がすべて装飾花となったのがオオデマリで、ビバーナムの仲間です。清楚な白花の花房は大きく、満開時には圧倒的なボリューム感になります。英名はジャパニーズ・スノーボール。初夏の切り花で人気があるビバーナム・スノーボールは、オオデマリとは別の種類です。

※学名:*Viburnum plicatum var. plicatum*
※レンプクソウ科の落葉低木
※花期:5月中旬～6月上旬
※花言葉:私は誓います

大きなボール状の白い花房が数え切れないくらいたくさん！重みで枝も垂れるはずです

初夏

基本種は白で、華やかなピンク花の品種もある。ふっくらした楕円形の葉もいい。

凛とした立ち姿で気品をもたらします

初夏

## ダッチアイリス

アイリスとはギリシア神話に登場する虹の女神のこと。アヤメやカキツバタ、ハナショウブはいずれもアイリスの仲間です。ダッチアイリスはオランダで長く改良を重ねた種類で、花はアヤメやカキツバタによく似ています。すっと立ち、楚々とした花を咲かせる風情がナチュラルな雰囲気のガーデンによく似合います。

上／草丈が低めの'アポロ'。下左／ダッチアイリスに多い鮮やかな青紫には和の趣も感じられる。下右／花が大きく派手な印象のジャーマンアイリス。

※学名：*Iris×hollandica*
※アヤメ科の秋植え球根
※花期：4月下旬～5月
※花言葉：和解

ひと株から何本も花茎が立ち上がります

初夏

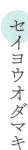

## セイヨウオダマキ

ヨーロッパ原産のオダマキとその交配種のことで、日本のオダマキと区別するため、学名のアクイレギアでも呼ばれます。オダマキの仲間は自然交配しやすく、園芸品種が豊富にあり、品種名なしで出回ることも多くあります。花のうしろに突き出した角のような距があるタイプと、ないタイプに分けられます。

上／日本で人気の高い'バロー'シリーズは距がないタイプで花色が豊富。下左／距のないタイプの白花。下右／距があるタイプは花もやや大きめで華やか。

※学名：*Aquilegia*

※キンポウゲ科の宿根草

※花期：5月〜6月

※花言葉：昔の恋人

## ダウカス

セリ科の中でもひとき わ大きな花房をつけるのがダウカスで、ノラニンジンの和名でも知られます。花房の繊細な様子から「アン女王のレース」という素敵な英名も。よく似たホワイトレースフラワーは、同じセリ科でも別の花です。

> アン女王のレースと呼ばれる花です

シックな赤花を咲かせる'ダーラ'は切り花でも人気。

※学名：*Daucus carota*
※セリ科の一年草
※花期：5月〜6月
※花言葉：可憐な心

## ラベンダー

ギリシア語で「洗う」を意味するラワーレが語源で、洗浄・殺菌・消毒の作用があります。香り成分を抽出したエッセンスオイルに利用されるのは、イングリッシュラベンダーで、なかでもコモンラベンダーと呼ばれる種類です。

> フレンチラベンダーは個性的な花が華やか

※学名：*Lavandula*
※シソ科の常緑低木
※花期：5月〜7月
※花言葉：疑惑

上/フレンチラベンダー。
右/イングリッシュラベンダー。

初夏

## ジギタリス

キツネの手に本当にこれがはまる?

英名はフォックスグローブ、直訳して和名はキツネノテブクロ。花は個性的な筒状の花で、内側には点々と斑が入っています。最近ではジギタリスとイソプレクシスを交配した鮮やかな花色のハイブリッドジギタリスも登場しています。

ジギタリスは長い花穂が魅力。左／素敵な花色がある。

初夏

※学名：*Digitalis*
※オオバコ科の二年草・宿根草
※花期：5月〜6月
※花言葉：熱い胸の内

## シャスタデージー

アメリカの育種家の情熱が生み出した花

アメリカの育種家、ルーサー・バーバンク氏がフランスギクから選抜、育種を繰り返し、17年かけて生み出した花です。育種の最後にハマギクを掛け合わせて白さを実現できたそう。一年中雪を抱いたシャスタ山にちなんで命名。

よく似たマーガレットより華奢で繊細な印象。株姿もまとまりがよく美しい。

※学名：*Leucanthemum × superbum*
※キク科の宿根草
※花期：5月中旬〜7月
※花言葉：すべてを耐え忍ぶ

爽やかなブルーの花が初夏の庭によく似合う

初夏

## アムソニア

アムソニア・エリプティカは日本原産でチョウジソウの名でも知られます。よく利用されているのはアメリカ中南部原産のフブリヒティで、チョウジソウより花色が淡く、葉が糸状なのが特徴です。葉がふんわり茂ることから和名はイトバチョウジソウ。アムソニアの仲間には秋の紅葉が美しい種類も多くあります。

上／葉が糸状に茂るフブリヒティ。下／日本原産のチョウジソウ。花を横からみると丁字に似ていることから丁字草の名に。

※学名：*Amsonia*
※キョウチクトウ科の宿根草
※花期：5月〜7月
※花言葉：威厳

イギリスでこよなく愛されている花です

▶初夏◀

上／ゲラニウム・マグニフィカムの園芸品種。下／サンギニウムは耐寒性、耐暑性ともに優れ、アケボノフウロの名で日本でも親しまれている。

※学名：*Geranium*
※フウロソウ科の宿根草
※花期：5月〜6月
※花言葉：変わらぬ信頼

## ゲラニウム

イングリッシュガーデンの定番花で、イギリスでは住宅街でも大株に育ったゲラニウムをよく見かけます。高温多湿に弱いので、日本の温暖地ではなかなか大株に育たないようですが、最近では耐暑性のある品種も登場。こんもりした株姿で花をたくさん咲かせる姿は、ナチュラルな雰囲気のガーデンによく似合います。

# ルピナス

ふっくらした花が長い花穂の下から上へと咲き上がるさまから、ノボリフジの和名でも知られます。よく利用されるのはアメリカのカリフォルニア州からカナダにかけてが原産のラッセルルピナスで、美しい花色が豊富に揃います。寒冷地では宿根しますが、耐暑性が弱く、温暖地では一年草扱いとされます。ぐぐっと立ち上がる美しい花穂がよく目立ちます。

※学名：*Lupinus*
※マメ科の一年草・二年草・宿根草
※花期：4月下旬〜6月
※花言葉：母性愛

初夏

美しい花穂が何本も立ち並ぶとスケールの大きな景色に

初夏

左／白と紫のバイカラーで花穂がより目立つ。きれいなパステルカラーも豊富。

# バイカウツギ

▶初夏

清楚で優雅な白花を咲かせる日本固有種の花木です。岩手県以南の本州及び四国、九州と広いエリアで自生しています。枝が空洞なことから空木と書いてウツギ。

同じアジサイ科ではあるものの、ウツギ属ではなく、バイカウツギ属と独立した属に分類されます。学名のサツミは、別名のサツマウツギの薩摩のことです。

バイカウツギの花弁は4枚

ウメに似ているが、花弁の枚数がウメは5枚、バイカウツギは4枚。純白の花弁に黄色のしべがかわいらしい。

※学名：*Philadelphus satsumi*

※アジサイ科の落葉低木

※花期：5月中旬〜7月

※花言葉：香気

# オウゴンシモツケ

黄金葉をもつシモツケの種類で、'ライムマウンド'と、'ゴールドフレーム'という園芸品種がよく利用されます。'ライムマウンド'は明るく輝くようなライム色の葉、'ゴールドフレーム'は少し黄みの強い黄緑色で、新芽が赤くなります。明るい葉色で庭を彩り、初夏にピンク色のかわいらしい花を咲かせます。

▼ 初夏 ▼

ピンクの花が咲く時期には、株全体が華やかで軽やかな印象に。管理がしやすく、個人邸の庭木としても人気。

※ 学名：*Spiraea japonica*

※ バラ科の落葉低木

※ 花期：5月中旬〜7月

※ 花言葉：儚さ

明るいライム色の葉が美しい'ライムマウンド'

上／大型種のギガンチウム。下左／小型種の'丹頂'は切り花でも人気。下右／白い花弁の中心がローズピンクに染まる'シルバースプリング'。

※学名：*Allium*
※ネギ科の秋植え球根
※花期：5月〜6月
※花言葉：正しい主張

## アリウム

多くの種類がある中、大型種のギガンチウムはよく知られます。直径10cmほどのボール状の花房が立ち並んで咲くシーンはダイナミック。小型種も魅力的で、個性的な形の花房の'丹頂'などがあります。いずれも、すらっと伸びる長い茎が特徴ですが、支柱を立てなくても自立し、景色のアクセントとして活躍します。

初夏

ボール状の花が並ぶ景色に心が弾む

飾りボタンのような かわいらしさ!

初夏

## アストランティア

花名はギリシア語で星を意味するAstra＝アストラが語源。一見地味ながら、星の形に見える繊細な花がとても軽やかで、群生すると自然の草原に咲いているかのような野趣が感じられます。花弁に見えるのは総苞(そうほう)で、中心に小さな花が密集してこんもりとした形になります。イングリッシュガーデンでよく利用されます。

上／園芸品種のピンク花は落ち着いたトーンの花色。下左／基本種の白花は透明感が魅力。下右／赤紫の園芸品種は和の趣も感じられるシックな雰囲気。

※学名：*Astrantia major*
※セリ科の宿根草
※花期：5月〜7月
※花言葉：愛の渇き

## ヒメシャガ

アイリスの仲間で、日本の固有種。花が少し大きめでよく似たシャガは、中国東部からミャンマーにかけてが原産です。落葉性のヒメシャガは冬に地上部がなくなりますが、シャガは常緑性という違いがあります。

※学名：*Iris gracilipes*
※アヤメ科の宿根草
※花期：5月〜6月
※花言葉：内気な恋

シャガとの違いは冬にわかります

淡い青紫の花色が上品。花径は2〜3cmと小さめ。

## カンパニュラ・メディウム

カンパニュラとはラテン語で釣鐘の意味。フウリンソウの和名で知られるメディウムは、カンパニュラの仲間の中でも最大級の釣鐘型の花を咲かせます。胴長のベル型で、横向き、上向きに花がつきます。

※学名：*Campanula medium*
※キキョウ科の一年草・二年草
※花期：5月〜7月
※花言葉：幸せに感謝します

大きな釣鐘型の花は愛嬌たっぷり

ピンク、青紫、白の花色はいずれもくすみなくきれい。

初夏

## プリムラ・ビアリー

プリムラの仲間では珍しく穂状に花が咲くことから、穂咲きサクラソウの和名があります。赤い部分は蕾を包んだ萼で、下から順々に淡いピンクの花が開いていきます。原産地の中国では、2000mを越す高山に自生します。

萼の赤と花弁のピンク。その対比が愛らしい！

暑さに弱いため、一年草扱いにされる場合もあります。

※学名：*Primula vialii*
※サクラソウ科の宿根草
※花期：5月〜6月
※花言葉：永続する愛情

▶初夏◀

## センテッドゼラニウム

葉に香りがあり、ハーブとして利用されるものをセンテッドゼラニウムといいます。なかでも代表的存在が原種の一つのローズゼラニウムです。花やフルーツ、スパイスなどの香りがする園芸品種があります。

※学名：*Pelargonium*
　　　　*Scented-leaved Group*
※フウロソウ科の宿根草
※花期：4月〜7月
※花言葉：思いがけない出会い

葉を触ると甘く優雅なバラの香り

上／ローズゼラニウム。
右／ストロベリーゼラニウム。

フランス生まれの華やかなバラ

波打つ花弁がエレガント

初夏

1.イングリッシュローズの'グレイス'。ごく淡いオレンジ色が優しい印象。 2.1927年にスペインで作られた'スパニッシュビューティー'。 3.フレンチローズの'ボルデューユ カマル'。オレンジ色からピンク、淡いピンクへと花色が変化する。房になって咲く姿もかわいらしい。

※学名：*Rosa*
※バラ科の落葉低木
※花期：5月中旬〜6月中旬
　　　（初夏咲き）
※花言葉：上品

## バラ

バラの育種で世界をリードするのは、イギリス、フランス、ドイツ、アメリカ、日本。各国に有名なバラの育種専門のナーセリーがあり、そこから生まれる品種にはお国柄が表れています。なかでも、四季咲き性で栽培しやすく、オールドローズのもつ芳香も楽しめるイングリッシュローズは人気があります。

初夏

ピエール ドゥ ロンサール
幾重にも重なる花弁が優雅な
人気の高い銘花の一つです

# ハンカチノキ

ハンカチに見えるのは花弁ではなく苞で、雄花と雌花の苞2枚が1セットになってつきます。白い苞のサイズは手のひらほど！これほど大きな苞がつく花木もなかなかありません。中国南西部が原産で、イギリスでも和名と同じ意味のハンカチーフツリーと呼ばれますが、ハトノキという別名もあります。

初夏

純白の苞が2枚セットでつく。ハトノキは白い苞をハトが羽ばたくさまに見立てた別名。ハンカチとハト、どちらも楽しい。

※学名：*Davidia involucrata*
※ミズキ科の落葉高木
※花期：4月下旬〜5月
※花言葉：清潔

白いハンカチがこんなにたくさん！

> 総苞片の先端が
> すっと尖っています

初夏

# ヤマボウシ

同属のハナミズキより遅れて開花するのがヤマボウシで、明るい緑色の葉の上に、4枚の白い花弁（総苞片）を風車のように広げた花をたくさん咲かせます。中国、朝鮮半島、そして日本に自生し、落葉高木が一般的ですが、常緑タイプもあります。花後に実がなり、秋に紅葉するこの木は海外でも人気があります。

1. 開花と同時に葉が展開。白×緑の樹姿に心が洗われる。 2. ハナミズキの総苞片は全体が丸い形。すっと尖っていればヤマボウシ。 3. 紅花種として最初に世に出たのが、日本で育種された'サトミ'。欧米で大人気になったそう。

※学名：*Cornus kousa*
※ミズキ科の落葉・常緑高木
※花期：5月〜6月
※花言葉：友情

(日本人に愛される2種の組み合わせ)

(濃いピンクがたまらなくかわいい！)

1.フロリダ系の'テッセン'と'白万重'の組み合わせ。'テッセン'は中国に自生する原種で、'白万重'は'テッセン'の枝変わり。どちらも古くから親しまれている。 2.ヴィオルナ系にもベル型の品種が多くあり、これは人気品種の'踊場'。 3.木立性タイプのインテグリフォリア系の'篭口'。

※学名：*Clematis*
※キンポウゲ科の落葉つる性花木
※花期：5月〜10月
　　　（種類によって異なる）
※花言葉：心の美しさ

## クレマチス

つる性植物の女王と称され、春咲き、四季咲き、夏〜秋咲き、冬咲きがあり、なかでも種類豊富に咲き揃うのが初夏です。系統によって花期、花形、花サイズなどが異なります。花形では花弁が開く大輪花と小さなベル型の2タイプに分けられます。美しい花色が壁面やアーチを覆う景色は女王の名にふさわしくエレガント。

初夏

ジャックマニー系の
〝フラウミキコ〟。
淡い青紫の澄んだ花色が
心に浸みます

## スカビオサ

暑さにも耐える新しいスカビオサ

日本にも自生種があり、マツムシソウの和名で知られています。最近では、耐暑性、耐寒性に優れた改良品種が登場し、ガーデンスカビオサなどの名で出回り、よく利用されています。温暖地でも宿根してよく咲きます。

※学名：*Scabiosa*
※スイカズラ科の一年草・二年草・宿根草
※花期：5月〜6月、9月〜10月
※花言葉：風情

上／涼しげなガーデンスカビオサ。左／深紅の花色も素敵。

初夏

## ネペタ

透き通るようなブルー。深呼吸したくなる

よく利用されるのはファーセニー種で、キャットミントの別名でも知られます。ひと株に何本も花穂を立ち上げて咲き、満開になるとふんわりとした株姿になります。花穂がより大きい'シックスヒルズジャイアント'が人気です。

※学名：*Nepeta × faassenii*
※シソ科の宿根草
※花期：4月〜10月
※花言葉：自由な愛

淡い青紫の花穂が、何本も立ち上がり、ボリュームある姿に。

## リクニス・コロナリア

初夏の観光ガーデンで花咲く姿が見られます

基本種は一重咲きの濃いピンク。清楚な白花も美しい。

葉も茎も白くて繊細な毛に覆われ、まるでビロードのような質感。株全体を眺めると、周囲の植物より白さが際立ってよく映えます。濃いピンク、白、赤、と複色の花色があります。派手さはないもののプロのガーデナーに好まれます。

※学名：*Silene coronaria*
※ナデシコ科の宿根草
※花期：5月～7月
※花言葉：いつも愛して

## ペンステモン

葉茎の黒紫を背景に花色がより目立つ

上／'ハスカーレッド'。右／花色が濃い'ダーク タワーズ'。

ユニークなベル型の花を咲かせるペンステモンの中で、プロのガーデナーに圧倒的に人気なのが、'ハスカーレッド' という品種。茎も葉もつやのある黒紫で、白からごく淡いピンクの花を咲かせます。ほかに鮮やかな花色も豊富です。

※学名：*Penstemon*
※オオバコ科の宿根草
※花期：6月～7月
※花言葉：美しさへのあこがれ

■初夏

## セイヨウニンジンボク

アジサイが花期を終えてから夏にかけて、これだけ美しいブルーの花を咲かせる木はなかなか見当たりません。イギリスではチェストツリーと呼ばれ、秋に実る果実はハーブとして利用されます。かつてはコショウの代用品として利用されたとも。日本で親しまれている落葉低木のハマゴウも近縁種です。

※学名：*Vitex agnus-castus*
※シソ科の落葉中木
※花期：7月〜9月
※花言葉：才能

降り注ぐブルーの
花のシャワーに
心が洗われるよう

初夏

天に向けて花穂が一斉に伸びる勢いある姿も魅力。

# アジサイ

初夏

大きな花房が見応えのある景色を生み出すこと。花期が長いこと。剪定などの管理が比較的容易にできること。そして、四季咲きの品種もあること。アジサイは庭木に望まれる条件の多くを満たした花木で、世界中で人気があります。あまりに身近すぎて見落としていたアジサイの魅力を再認識してみてください。

上／土壌の性質にかかわらず、青花、ピンク花が咲くよう品種改良されたアジサイも出回る。右／八重咲きのガクアジサイ。

※学名：*Hydrangea macrophylla*
※アジサイ科の落葉低木
※花期：6月〜9月上旬
※花言葉：元気な女性

はっとするほど鮮烈な青にうっとり

# アジサイ'アナベル'

ヨーロッパで改良されたアジサイをもとに、アメリカの種苗会社が育種した品種で、アメリカアジサイ、アメリカノリノキとも呼ばれます。日本で普及し始めたのは25年ほど前からですから、短期間で大人気になったといえます。蕾の緑から白花、そして再び緑花へと花色が変化する過程が美しく、大きな魅力です。

小さな花が集まりボール状の花房に。
大きなものでは直径20cmほどになり、
ボリューム感たっぷりの景色が楽しめる。

白から再び緑に。
夏の間中楽しめます

※学名：*Hydrangea arborescens* 'Annabelle'

※アジサイ科の落葉低木

※花期：6月〜8月

※花言葉：ひたむきな愛

初夏

## カルミア

原産地はアメリカ東部で、スマートな葉がシャクナゲに似ていることからアメリカシャクナゲとも呼ばれます。5枚ある花弁は一つにつながり、先端が浅く裂けているので、上から見ると五角形に見え、傘のようにも見えます。

※学名：*Kalmia latifolia*
※ツツジ科の常緑中木
※花期：5月～6月
※花言葉：大きな希望

蕾はチョコ菓子で見たことある形

花房は50輪くらいがかたまり、ボリューム感がある。

## スモークツリー

スモークツリーは英名で、和名はケムリノキ。煙のようなふわふわは花後に伸びた花柄で、それが出現する前に小さな黄色の花が咲きます。雌雄異株で、ふわふわになるのは雌木のみ。雄木は花柄が伸びても煙のようにはなりません。

※学名：*Cotinus coggygria*
※ウルシ科の落葉中木
※花期：6月～8月
※花言葉：賢明

ふわふわになるのは雌木だけです

白や淡い緑やピンクの種類があり、ダークな葉色もある。

## ヒペリカム

梅雨時の庭を明るくしてくれます

和名のキンシバイでも知られ、日本でも古くから栽培されている花木です。最近では花が大きく生育旺盛な'ヒドコート'という園芸品種が公園などでよく利用されています。近縁種のシネンセもよく見かけます。

左はシネンセで、雄しべが長く、葉が細長いのが特徴。

※学名：*Hypericum patulum*
※オトギリソウ科の半常緑低木
※花期：5月下旬〜7月
※花言葉：きらめき

## ブラシノキ

花房はまさにビンを洗うブラシ！

オーストラリアやニュージーランドなどが原産で、学名のカリステモンはギリシア語で美しい雄しべという意味。学名通り雄しべの花糸が赤く色付き、花の盛りには木全体が鮮やかな花色に染まります。英名はボトルブラッシュ。

※学名：*Callistemon*
※フトモモ科の常緑中木
※花期：5月〜6月
※花言葉：恋の炎

基本は赤で、白やピンク、薄紫の種類もある。

初夏

雨でも傷むことなく
あでやかな花色

初夏

上／花穂にボリューム感があり、花色がパッと目に飛び込む。下／ビビッドなピンクが新鮮な印象。こんなに素敵な花だったのかと魅力を再認識させてくれる。

※学名：*Astilbe*
※ユキノシタ科の宿根草
※花期：5月〜7月
※花言葉：楽しい恋の訪れ

## アスチルベ

日本にも自生種があるなじみの深い花です。耐陰性があり、シェードガーデンでよく利用されます。ふんわり軽やかなボリューム感はこの花ならではの魅力。ヨーロッパで育種された園芸品種が豊富に出回るようになり、今までにない華やかな花色や、大きな花穂のタイプなども登場し、新鮮な印象を与えます。

惚れ惚れするほど
ストレートな花茎！

初夏

上／園芸品種の'カラドンナ'はとくに花茎が直線的に伸びる。株姿がコンパクトにまとまるのも魅力。下／ピンクの品種はやさしい印象。ほかに白花もある。

※学名：*Salvia nemorosa*
※シソ科の宿根草
※花期：5月〜10月
※花言葉：家族的な価値

## サルビア・ネモローサ

サルビアには美しいラインを描く種類が多くありますが、ネモローサほど直線的な花穂は見かけません。ひと株から何本も花穂を立ち上げ、長い花穂がつくので、直線的な印象はより強く、花色もよく目立ちます。ひときわストレートな花茎をもつのが園芸品種の'カラドンナ'で、プロのガーデナーにも大人気です。

カサブランカは庭でも咲きますよ

花後、葉の根元にムカゴがつきます

## ユリ

日本にはヤマユリ、ササユリ、テッポウユリなどが自生し、古くから親しまれている花です。オリエンタル系、スカシユリ系などの交配品種も豊富にあり、種類によって花期が少しずつ異なります。各地にあるユリの名所は7月上旬に見頃を迎える所が多いので、ユリが咲く華麗な景色を眺めに出かけるのもおすすめです。

1.カサブランカの八重咲き品種'ホワイトアイズ'。開花は少し遅めで7月中旬から。
2.オリエンタル系の'ソルボンヌ'。華やかなピンクのグラデーションが人気。 3.スカシユリの'ブラックストーン'。こんなにシックな花色もある。 4.花弁が大きく反り返るオニユリ。ムカゴがつくことで知られる。

※学名：*Lilium*
※ユリ科の秋植え球根
※花期：5月〜8月
※花言葉：純粋

▼初夏

テッポウユリの'ベルソング'。淡いピンクのユリが咲き誇る景色は華麗でロマンチック

# アガパンサス

▶初夏◀

すっと伸びた花茎の先端に付く花房の美しさ、コンパクトにまとまる草姿が人気の花です。濃淡ブルーのほか、白やピンクなどの花色は、いずれも清涼感をもたらします。また、冬の間も葉が茂る常緑タイプと、晩秋に葉が枯れる落葉タイプがあります。環境が気に入ると何年も毎年花を咲かせる長寿の宿根草です。

上／基本種のブルーはとても爽やか。右／白花で付け根が青花になる'ファイヤーワークス'も人気。

こんなにエレガントな花色もあります

※学名：*Agapanthus*
※ヒガンバナ科の宿根草
※花期：6月〜8月上旬
※花言葉：ラブレター

# バーベナ・ボナリエンシス

サンジャクバーベナの和名で知られます。3尺は約91㎝。草丈が高いのが特徴で、紫がかった小さなピンクの花が分枝した茎の先端に咲きます。細い茎のすき間から背後の景色が透けて見えるので、奥行き感をもたらす目的で、あえて手前に植える場合も多くあります。支柱を立てなくても自立します。

▶ 初夏

細い茎のすき間から背後の景色が見えるのが魅力。景色の邪魔になりがちな支柱いらずでしっかり自立するのもいい。

※学名：*Verbena bonariensis*

※クマツヅラ科の宿根草

※花期：5月下旬〜10月

※花言葉：家族の和合

チョウやミツバチを呼ぶ蜜源植物です

## スタキス

さまざまな種類があり、多くはサルビアのように穂状に花をつけます。草丈が低めのモニエリは、グラウンドカバー的によく利用されます。葉も茎も産毛のように白い毛で覆われたビザンチナは、ラムズイヤーの別名でよく知られます。

※学名：*Stachys*
※シソ科の宿根草
※花期：6月〜8月
※花言葉：あなたに従う

穂状の花が揃って咲くと素敵な景色に

上／草丈が低めのモニエリ。
左／ラムズイヤーは草丈が高い。

■初夏■

## マロウ

マロウとはアオイ科ゼニアオイ属の仲間を指す英名で、学名のマルバで呼ばれることもあります。ゼニアオイ、ウスベニアオイ（コモンマロウ）、ジャコウアオイ（ムスクマロウ）などが知られ、この時期に美しい花を咲かせます。

※学名：*Malva*
※アオイ科の宿根草
※花期：5月〜7月
※花言葉：穏やか

ウスベニアオイの園芸品種です

右／ゼニアオイの園芸品種 'ブルーファウンテン'。

126

## ヒューケラ

葉色と花色のコーデが
とてもおしゃれ

シックな茶色や紫、黄金色の葉に個性的な斑入り葉。豊富な葉色のカラーリーフで、初夏にはかわいらしい花も咲かせます。美しいだけでなく、強い耐陰性があるのもヒューケラの大きな魅力で、シェードガーデンで大活躍します。

花茎がぐぐっと伸びて、ベル型の小花が連なる花穂に。

※学名：*Heuchera*
※ユキノシタ科の宿根草
※花期：5月～7月
※花言葉：辛抱強さ

## ムラサキツユクサ

雨でも花は傷まず
鮮やかな花色を放ちます

北米産を親にした交配品種が豊富にあり、青紫、紫、赤紫、白の花色があります。ムラサキツユクサの花弁は3枚。よく似たツユクサも3枚なのですが、1枚が雄しべの下に隠れて2枚に見えるので判別できます。

※学名：*Tradescantia × andersoniana*
※ツユクサ科の宿根草
※花期：6月～7月
※花言葉：尊敬しています

花は1日で萎むが、次々と開花し長く楽しめる。

## ベロニカストラム

細い花穂が立ち並ぶ涼感ある景色が魅力

▶初夏

日本に自生するクガイソウの仲間。よく利用されるのはバージニカムやシビリカムの園芸品種で、草丈が高くなり、淡い青紫のすっとした花穂が涼しげです。クガイソウを漢字にすると九蓋草、または九階草。茎をとり巻く葉が何層にも重なることが由来で、ほかのベロニカストラムも同様の葉の付き方をします。

上／シビリカムの園芸品種。花色が美しく花穂が長い。
右／短めの花穂がたくさん出る品種もある。

※学名：*Veronicastrum*
※オオバコ科の宿根草
※花期：6月〜8月
※花言葉：明るい家庭

# ヘメロカリス

> 英名はデイリリー。
> 花は1日で萎みます

花は1日で萎みますが、同じ花茎から次々と開花するので、意外に長く楽しめます。園芸種の多くは、日本に自生するノカンゾウやヤブカンゾウをもとに、欧米で品種改良されたもの。赤やピンクなど明るい花色が豊富に揃います。梅雨時に、華やかに咲き誇るヘメロカリスを見ると気持ちがぱーっと晴れます。

◀ 初夏 ▶

上／地下茎を伸ばして殖えるので数年経つと群生して美しい景色に。右／日本に自生するノカンゾウもヘメロカリスの一種。

※学名：*Hemerocallis*
※ツルボラン科の宿根草
※花期：5月中旬〜8月
※花言葉：とりとめのない空想

## 花名検索の頼りになる存在
# プランツマーカーも撮影しよう

日本でも海外でも、植物園では植物名を記したプランツマーカーを植物の近くに挿しているところが多くあります。観光ガーデンでも景色の邪魔にならないようにプランツマーカーを挿しています。

このプランツマーカー、植物の名前を知るうえでとても頼りになる存在。その場で見るだけでは忘れてしまいがちなので、花と一緒に撮影しておくことをおすすめします。

プランツマーカーを枝に吊して。花のない時期でも植物名がわかります。

スコットランドの植物園のプランツマーカー。スタキスの品種名がわかり、助かりました。

ガーデンの雰囲気を壊さないよう、手描きで優しい雰囲気に。

花の写真入りでとてもわかりやすいプランツマーカー。'ローズミント'と書いてありました。

あらら！大事な部分を隠さないで〜！

# CHAPTER 4

# 夏

# ハス

池など水底の土中に塊茎をつくり、茎を伸ばして水面に葉を浮かべ、花を咲かせる水生植物です。花の中心の飛び出している部分が花托。ジョウロの口をハス口と呼ぶのはこの形に由来しています。花弁が落ちると花托がどんどん大きくなり、タネがついてハチの巣のような形になって、果托と呼ばれるようになります。

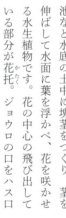

上／花弁の先端が紅色に染まる花は、気品があり見惚れる美しさ。右／花弁が落ちた果托で、何だか宇宙人のよう……。

クスッと笑える
花後の姿にも注目を

※学名：*Nelumbo nucifera*
※ハス科の水生植物
※花期：6月下旬〜9月
※花言葉：雄弁

# スイレン

温帯性スイレンは、画家のモネが愛した花

スイレンには原産地の気候から温帯性と熱帯性の2タイプがあります。温帯性は花が水面近くに浮かぶように咲き、熱帯性は花茎を立ち上げて咲くのが特徴。熱帯性は開花が7月からなので、夏の間は両方の花が見られます。どちらも園芸品種が豊富にあり、さまざまな花色が揃いますが、青花を咲かすのは熱帯性のみです。

上／温帯性のスイレン'コロラド'。パステルカラーが豊富にある。右／青花が神秘的な熱帯性の'アンコーナス'。

※学名：*Nymphaea*
※スイレン科の水生植物
※花期：5月中旬〜10月
※花言葉：清純

## クロコスミア

ヒメヒオウギズイセンの和名で古くから親しまれる花。和名にスイセンとつきますが、横に伸びた花茎に並ぶように花を連ねる姿はむしろフリージアに似ているかもしれません。剣のようにシャープで魅力的な葉はたしかにスイセンに似ています。群植するとこの葉が背景のようになり、花がより映えます。

※学名：*Crocosmia*
※アヤメ科の春植え球根
※花期：6月〜8月
※花言葉：素敵な思い出

群生するとこの迫力！燃えるような朱赤が遠目からでもよく目立つ

自由奔放に咲くクロコスミアを見て、なんて力強い花だろうとイメージが一新。

気品ある花姿が日本人の心に響きます

## キキョウ

秋の七草に数えられていますが、キキョウが咲き始めるのは6月中旬。7月にはたくさんの花をつけた姿が楽しめます。ふっくらと咲く花の美しさは古くから多くの人に愛され、歴史上でもキキョウを家紋としている武将がたくさんいます。各地に自生する原種は少なくなったものの、園芸品種が豊富に出回っています。

上／紙風船のような蕾も愛らしい。英名のバルーンフラワーは、この蕾から付けられたもの。下／ボリューム感ある二重咲きの白花品種'ハコネホワイト'。

※学名：*Platycodon grandiflorus*
※キキョウ科の宿根草
※花期：6月中旬〜9月
※花言葉：変わらぬ愛

夏の暑さに負けず
元気に咲き続けます

## モナルダ

よく利用されるのは、タイマツバナの和名で知られるディディマと、和名がヤグルマハッカのフィスツローサ。どちらも耐暑性が強く、花期が長いので夏中花が楽しめます。タイマツバナの名前の由来は茎の先端に咲く赤い花が松明のように見えるため。現在ではピンクや白、パープルなどの花色もあります。

ディディマには赤のほか濃淡ピンクの花色も。アップで見ると繊細な花形。フィスツローサとの交配品種も多く出まわる。オレンジに似た香りをもつ種類もある。

※学名：*Monarda*
※シソ科の宿根草
※花期：6月〜9月
※花言葉：やわらかな心

## ガウラ

> 舞うように咲く姿は
> まさしく白蝶草(はくちょうそう)です!

観賞用として栽培されるのはリンドハイメリ。長く伸びた茎は細くてよくしなり、先端に長い雄しべが目立つ白花が咲くさまをチョウにたとえ、和名はハクチョウソウ。群生して風に揺れている景色は見応えがあり、涼感をもたらします。

基本種は白花だが、ピンク花も華やかで人気がある。

※学名:*Gaura lindheimeri*
※アカバナ科の宿根草
※花期:5月下旬〜11月
※花言葉:繊細な心を傷つけない

## ペチュニア

> 花色合わせが
> 自由自在に楽しめる

晩春から咲き出し、暑い夏の最中でも開花し、晩秋まで咲き続ける花期の長さは大きな魅力。しかも、花色が豊富で、一重のほかにボリューム感のある八重咲きなど選択肢がどんどん増え、花選びの段階から楽しさが味わえます。

※学名:*Petunia*
※ナス科の一年草
※花期:4月〜11月
※花言葉:君といると心なごむ

濃淡紫の品種を組み合わせた寄せ植え。枝が垂れるように伸びるので、鉢栽培に向く。

## セイヨウミソハギ

夏の庭でよく目立つ華やかなピンクの花穂

花が上向きに揃って咲くので、花色がより目立つ。暑さの中でも咲き続ける。

日本に自生するミソハギもありますが、よく利用されるのは、おもに欧米原産の種類を元に改良された品種です。日本のミソハギより花が大きいのが特徴。まっすぐ伸びた茎に長い花穂をつけるので、群生すると花色がよく目立ちます。

※学名：*Lythrum*
※ミソハギ科の宿根草
※花期：7月〜9月
※花言葉：愛の悲しみ

## グラジオラス

凜とした立ち姿はまさに真夏のエレガンス

花名はラテン語で「小さな剣」の意味。すらりと伸びた長い花茎に大きな花が並び咲くさまがゴージャス。アヤメ科特有のスマートな葉は、剣をイメージさせます。品種改良が盛んに行われ、花色が豊富に揃うのも魅力です。

※学名：*Gladiolus × hybridus*
※アヤメ科の春植え球根
※花期：7月〜9月
※花言葉：勝利

花が大きくよく目立つ。別名のオランダアヤメは夏の季語になっている。

# アキレア

おしゃれな花色にワクワクしてきます！

日本にも自生種がありますが、よく利用されるのはセイヨウノコギリソウの別名でも出回る園芸品種。しゃれた花色が豊富に揃い、プロのガーデナーさんにも人気の花です。最近では、テラコッタ、のようなくすみ系の花色も人気を集めています。ごく小さな花が密に集まって花房になるので、花色がよく目立ちます。

白から淡いピンクのほか、赤花、黄花もあり、その交配から素敵な花色がたくさん生まれている。

※学名：*Achillea*
※キク科の宿根草
※花期：5月中旬〜8月
※花言葉：悲しみを癒します

夏

## エキナセア

プルプレアのピンク。花が大きく華やか!

よく利用されているのはプルプレアで、さまざまな花色やポンポン咲きのようなさまざまな品種が登場しています。注目したいのは新品種だけではありません。パリダ、テネシエンシス、シムラータ、パラドクサなど原種系の花苗が以前より出回るようになり、その楚々とした花姿に魅了される人も増えています。

右/バイカラー品種の'グリーンツイスター'。右下/ポンポン咲きのような'ブラックベリートラッフル'。

※学名：*Echinacea*
※キク科の宿根草
※花期：6月〜8月
※花言葉：あなたの痛みを癒します

どこか牧歌的な景色を生み出す花です

イギリス人に愛されているコテージガーデン（田舎家風の庭）のマストフラワー。優しい花色と花形、草丈の高さがよく利用される理由。

## ホリホック

ホリホックは英名で、和名はタチアオイ、学名はアルセア。いずれの名前でも出回ります。ほとんどの種類が大人の身長程度。その高さでふんわりと大きな花を何輪も咲かせるホリホックが並ぶ景色はなかなかの迫力です。基本的には二年草ですが、耐寒性も耐暑性も強いので、環境が合うと宿根することもあります。

※学名：*Alcea rosea*
※アオイ科の二年草・宿根草
※花期：6月〜9月
※花言葉：飾らない愛

ボリュームのある花房。
真夏に咲く白花がうれしい！

人気品種の'ライムライト'は、咲き始めが淡い緑色で徐々に白くなる。気温や湿度などの環境条件が整うと徐々にピンクがかった花色になってくる。

※学名：*Hydrangea paniculata*
※アジサイ科の落葉低木
※花期：7月～9月中旬
※花言葉：臨機応変

## ノリウツギ

アジサイの仲間でもっとも開花が遅いのが、ボリュームのある円錐形の花序をつけるノリウツギです。世界中で人気がある花木で、その大きな理由となっているのが耐寒性・耐暑性が強く丈夫な性質であること。暑さの中で清楚で涼しげな白い花を見かけると一瞬の涼を求めて引き寄せられてしまいます。

## トレニア

東南アジアが原産のトレニアは、夏の暑さや湿度に強い性質です。よく利用されるのは一年草のフルニエリ。細い茎がつる状になるコンカラーとの交配から生まれた宿根草タイプのトレニアは、枝垂れるように花が咲きます。

※学名：*Torenia*
※アゼナ科の一年草・宿根草
※花期：7月〜10月
※花言葉：可憐

群れ咲く花々が合唱しているよう

上／フルニエリの園芸品種。
左／宿根草タイプの'スーパートレニア カタリーナ'。

## ペンタス

花名はギリシア語で5を意味する「ペンテ」が語源。5枚の花びらがパッと開いて咲く姿はまるで星のよう。赤やピンクなどビビッドな花色が魅力です。低木のサンタンカとよく似ていることからクササンタンカの別名もあります。

※学名：*Pentas lanceolata*
※アカネ科の宿根草
※花期：6月〜11月
※花言葉：希望は実現する

アップで見ると小さな花は星の形

英名はエジプシャン スタークラスター（星団の意味）。草姿がコンパクトにまとまる。

## アゲラタム

花弁が繊細で どの花色も涼しげな印象

熱帯アメリカ原産の宿根草ですが、耐寒性が弱いため日本では一年草扱いとされています。暑さに強い丈夫な性質、花色の美しさ、花期の長さなど、夏の庭で頼りになる花です。淡い青紫色のほか、白や淡いピンクもあります。

※学名：*Ageratum*
※キク科の一年草
※花期：6月〜10月
※花言葉：幸せを得る

上/こんもりとした株姿に育つ。
左/白花は清楚な雰囲気。

## ニコチアナ

星形の愛らしい花が 真夏でも咲いています

初夏から花が咲き始めるので、夏の花という印象があまりありませんが、じつは耐暑性が強く、真夏でもよく咲きます。基部が長い筒状で、先端に丸みのある星形の花を咲かせるさまがかわいらしく、しゃれた花色が豊富にあります。

※学名：*Nicotian*
※ナス科の一年草・二年草・宿根草
※花期：5月〜10月
※花言葉：私は孤独が好き

白、淡い緑、赤、ピンクなどがあり、どれも落ちついた色合い。

上は'ゴールドストラム'、左上は'タカオ'、左下は'ヘンリーアイラーズ'。

まぶしいほどの
黄色の花の群生が
夏の庭を輝かせます

## ルドベキア

日本でおなじみなのはトリロバの園芸品種 'タカオ'。どの種類も耐暑性がとても強い性質で、とくに 'タカオ' は日本の夏の高温多湿の環境でもよく育ちます。最近では花が大きな 'ゴールドストラム'、花弁が筒状になった 'ヘンリーアイラーズ'、など、魅力的な品種が増え、ますます夏の庭での存在感が強くなっています。

※学名：*Rudbeckia*
※キク科の宿根草
※花期：6月〜10月
※花言葉：正しい選択

# ガイラルディア

風通しがよい花形。軽やかな姿が魅力！

南北アメリカ原産で、一年草のテンニンギク、宿根草のオオテンニンギク、その2種の交配品種がよく栽培されます。耐暑性が強く、初夏から秋まで花が続きます。花弁と花弁の間にすき間があるせいか、風通しがよさそうに見え、花姿が軽やか。宿根草の園芸品種 'グレープセンセーション' はしゃれた花色が人気です。

■夏■

上／一重も八重も花形が軽やか。
右／大人っぽいピンクが人気の'グレープセンセーション'。

※学名：*Gaillardia*
※キク科の一年草・宿根草
※花期：6月〜10月
※花言葉：一致協力

じつはワレモコウの仲間。
花穂の長さが全然違う！

# カライトソウ

日本の固有種で、学名は日本の植物分類学の父といわれる牧野富太郎博士がつけたもの。カライトとは唐糸＝中国から渡来した絹糸のことで、ピンクの長い花穂をもっています。たしかにシルクのようなつややかさをもっています。10cmほどにもなる長い花穂を枝垂れさせて咲く姿は本当に優雅で、暑さをひととき忘れさせてくれます。

茶花で親しまれているワレモコウも学名はサンギソルバ。どちらも海外のガーデンでもよく利用される人気の花。

※学名：*Sanguisorba hakusanensis*

※バラ科の宿根草

※花期：7月〜8月

※花言葉：深い思い

夏

## アガスターシェ

素敵な響きの花名。
じつは花の形状そのもの！

花名はギリシア語で穂状にたくさん花を咲かせるという意味。高温多湿な日本の夏でも元気に咲き続けます。また、北アメリカ原産のフォエニクルムはすっきりした香りをもち、アニスヒソップの名前でハーブとしてもよく知られています。

上／しゃれた花色の'ボレロ'。
左／ハーブのアニスヒソップ。

※学名：*Agastache*
※シソ科の宿根草
※花期：7月〜10月
※花言葉：澄んだ心

## クレオメ

日本では蝶、イギリスではクモにたとえられます

和名をセイヨウフウチョウソウ（西洋風蝶草）といい、繊細でロマンチックな花を咲かせます。雌しべも雄しべも長い花形からついた英名はスパイダーフラワー。毎日、先端に向かって徐々に上がりながら新しい花が咲きます。

※学名：*Cleome hassleriana*
※フウチョウソウ科の一年草
※花期：7月〜9月
※花言葉：秘密の時間

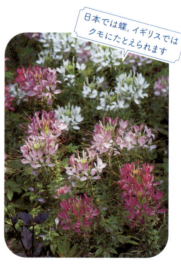

淡いピンクから徐々に濃くなり、夕方には萎む一日花。

## ヘニウム

さまざまな種類があり、品種によって花期が異なるので、初夏から秋まで、何かしらのヘレニウムを楽しむことができます。花心の盛り上がりから、ダンゴギクという和名がつけられた種類はオータムナーレで、晩夏から開花します。

花心が盛り上がるダンゴギクです

花弁と花弁の間にすき間があり、軽やかな花姿。

※学名：*Helenium*
※キク科の宿根草
※花期：6月〜10月
※花言葉：涙

## ルコウソウ

やわらかく明るい色の葉を背景に星形の真っ赤な花を咲かせ、英名のサイプレスバインでも出回ります。針葉樹のような繊細な葉をしたつる性植物という意味。原産地では宿根草ですが、耐寒性が弱いため一年草として扱われます。

※学名：*Ipomoea quamoclit*
※ヒルガオ科の一年草
※花期：7月中旬〜10月中旬
※花言葉：繊細な愛

緑のカーテンにも利用されます！

花径2cmほどの小さな花だが、鮮やかな朱赤がよく目立つ。

# ヘリアンサス

日本に自生するキクイモを始めとする宿根草と、ヒマワリの名で親しまれる一年草があります。宿根草では爽やかな花色の園芸品種 'レモンクイーン' が人気でよく利用されます。1茎1花のイメージが強いヒマワリでは、スプレー咲きで多花性の品種も登場。秋に咲くヤナギバヒマワリについてはP194で紹介します。

夏を代表する花、ヒマワリも仲間です

上／日本に自生するキクイモ。
右／爽やかな花色が人気の'レモンクイーン'。右下／一年草のヒマワリの白花品種。

※学名：*Helianthus*
※キク科の一年草・宿根草
※花期：7月〜10月
※花言葉：誘惑

夏

# ヘリオプシス

魅力的な品種の登場で ますます注目の花！

和名はキクイモモドキ。ヒメヒマワリとも呼ばれ、ヘリアンサスと混同されがちですが、ヘリオプシスも夏を代表する黄花です。花弁が散らずに長く残るので、楽しめる期間がより長いという特徴があります。葉や茎がシックな色合いの品種が注目されており、プロのガーデナーさんもよく利用しています。

上／人気品種の'サマーナイト'。
右／花色が赤からシックなオレンジ色へと変化する'ブリーディングハーツ'。

※学名：*Heliopsis*
※キク科の宿根草
※花期：6月〜10月
※花言葉：憧れ

夏

白い萼から飛び出す赤!

こんなにシックな花色も

# サルビア・スプレンデンス

サルビアには多くの種類がありますが、一年草の代表的存在がスプレンデンスです。赤いサルビアといえばスプレンデンスの印象がありますが、最近ではかわいらしいピンクの濃淡やサーモンピンク、シックな紫色など、素敵な花色が豊富に揃っています。夏の暑さに負けずに秋まで咲き続けてくれます。

1. 'トーチライト'はまさにトーチの先に赤い火がともっているよう。 2. シックな紫の'フェニックスパープル'。 3. ロマンチックなサーモンピンクの'あやのピーチ'。

※学名：*Salvia splendens*
※シソ科の一年草
※花期：7月〜10月
※花言葉：燃ゆる思い

燃えるように鮮やか。心に焼き付く景色です

# ジニア

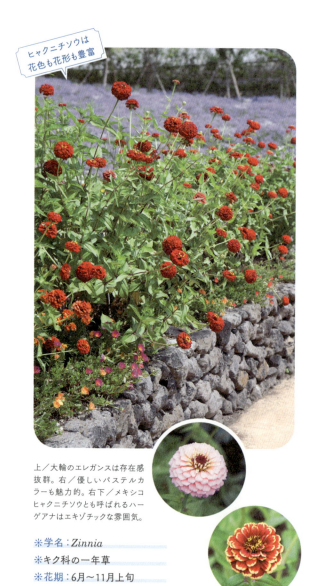

ヒャクニチソウは花色も花形も豊富

大きな花を咲かせるエレガンス、小さな花が密に咲くリネアリス、花色が個性的なハーゲアナの3種類がよく利用されます。花期が長いことからヒャクニチソウと呼ばれるのはエレガンスで、高性種で茎が長く、花もちがよいため切り花でもおなじみです。最近ではニュアンスのあるしゃれた花色が登場しています。

夏

上／大輪のエレガンスは存在感抜群。右／優しいパステルカラーも魅力的。右下／メキシコヒャクニチソウとも呼ばれるハーゲアナはエキゾチックな雰囲気。

※学名：Zinnia
※キク科の一年草
※花期：6月〜11月上旬
※花言葉：遠く離れた友を思う

# マリーゴールド

花色の変化が楽しめる魅力的な品種が人気！

半八重咲きのフレンチマリーゴールドと、ボール咲きのアフリカンマリーゴールドがよく利用されます。どちらも耐暑性が強く、夏も元気に咲き誇ります。最近注目されているのが、交配から生まれた'ファイヤーボール'という品種。夏から秋にかけて変化する花色が美しく、花がたくさん咲き、大人気となっています。

上／'ファイヤーボール'は咲き始めは赤で、秋には鮮烈なオレンジ色になる。右／アフリカンマリーゴールド。右下／フレンチマリーゴールド。

※学名：*Tagetes*
※キク科の一年草
※花期：5月〜11月
※花言葉：嫉妬・粗野な心情

夏

## アンゲロニア

> ドクロに見えるか花を覗き込んでみて!

梅雨時から咲き始め、秋まで咲き続ける穂状の花で、花名はラテン語で天使の意味のアンゲロスに由来しているといわれます。愛らしい花によく似合う名前の一方、口を開けたような花形はドクロに見えるともよくいわれています。

左／人気のある'エンジェル フェイス ウェッジウッドブルー'。

※学名：*Angelonia*
※オオバコ科の一年草
※花期：6月〜10月
※花言葉：過去の恋人

## コレオプシス

> 赤い目からジャノメソウの名前も

北アメリカを中心に多くの自生種があり、日本ではチンクトリア種がハルシャギクという和名でよく知られています。ハルシャギクは一年草で、花期は6月〜8月。耐寒性があり、温暖地では冬越しする宿根草もあります。

上／ハルシャギク。
右／'カオス ホワイト&レッド'。

※学名：*Coreopsis*
※キク科の一年草・宿根草
※花期：5月〜10月
※花言葉：上流への憧憬

## ニチニチソウ

夏の間、花が途切れることなく咲く!

毎日次から次へと花が咲くから日々草。マダガスカルを中心とする亜熱帯〜熱帯が原産地で、暑さに強いのが特徴です。風車のような花形、花弁の縁がギザギザになる入るフリンジ咲きなど、魅力的な品種が登場しています。

上／'トコナツ アプリコット'。
左／小輪品種も人気。

※学名：*Catharanthus roseus*
※キョウチクトウ科の一年草
※花期：5月〜11月
※花言葉：若い友情

## インパチェンス

和名をアフリカホウセンカといい、熱帯アフリカ原産。花の裏側に距と呼ばれる長い突起があるのが特徴です。一重、半八重、八重咲きがあり、最近ではまるで小さなバラのようなバラ咲きの品種が人気を集めています。

※学名：*Impatiens walleriana*
※ツリフネソウ科の一年草
※花期：6月〜10月
※花言葉：目移りしないで

日陰でもよく咲く性質です

人気品種'アテナ レッド'は、花弁の枚数が多くまるでミニバラのよう。

# ペルシカリア

スマートな草姿がとてもしゃれてる!

花名になじみがなくても、雑草としてよく見かけるイヌタデの仲間と聞けば、身近に感じられるのではないでしょうか。

多くの園芸品種は80cmを超える草丈になります。茎が細く、草姿全体が華奢な印象。赤やピンクの花穂がアクセントになります。プロのガーデナーに人気がある花です。

■夏■

上/細い茎に赤いスマートな花穂をつけるペルシカリア。
右/イヌタデは花穂が短い。

※学名：*Persicaria*
※タデ科の宿根草
※花期：6月〜11月
※花言葉：美しい装い

# 宿根フロックス

真夏に咲くクールビューティ！

宿根フロックスで、夏に花咲くのはおもにパニキュラータで、オイランソウの和名でも知られます。花魁がお化粧で使う白粉のような甘く優美な香りがすることが由来。直立する茎の先端にかわいらしい花をかためて咲かせる姿が美しく、夏の庭に優雅さを生み出す存在です。暑さに強く、丈夫な性質も魅力。

上／濃淡ピンクが愛らしい'ブライトアイズ'。まっすぐ伸びた茎は支柱なしで自立する。右／'ブルーパラダイス'の鮮やかな青紫が夏の庭に涼感をもたらす。

- ※学名：*Phlox paniculata*
- ※ハナシノブ科の宿根草
- ※花期：7月〜9月
- ※花言葉：合意

夏

夏

※学名：*Plumbago auriculata*
※イソマツ科の半つる性常緑低木
※花期：5月〜11月
※花言葉：心より同情します

## ルリマツリ

初夏から晩秋まで、美しいブルーの花を咲かせ続ける人気の花木です。南アフリカ原産の熱帯花木で暑さは得意。基本種は淡い水色ですが、白花や濃いブルーの園芸品種もあります。半つる性で生育力が旺盛なので、壁面を埋めるように花が咲くと美しい景色を生み出し、道行く人を楽しませてくれます。

思わず立ち止まるほど目が覚めるような鮮やかなブルー！

より青が濃い園芸品種の'インペリアルブルー'。石垣から枝垂れるように咲く景色が美しい。

# ランタナ

ブローチみたいにかわいらしい花房

熱帯アメリカ原産で、ビビッドなオレンジ色の花は咲き進むとピンクや黄色に変わることからシチヘンゲ(七変化)という和名もあります。ほかにほふく性で葉が小さなコバノランタナも出回っています。どちらも耐暑性が強く、初夏～秋まで長く花が楽しめるため、家の外周りの植栽などにもよく利用されます。

夏

上／ひと株に暖色系の花色がミックスして咲いて華やか。
右／ほふく性のコバノランタナは這うように育ち下垂する。

※学名：*Lantana*
※クマツヅラ科の常緑低木
※花期：5月～10月
※花言葉：心変わり

# サルスベリ

ふりふりの花が
たまらなくラブリー

真夏の暑さの中でも花を咲かせ、昔から親しまれてきた花木です。従来の品種はうどんこ病に弱い性質でしたが、アメリカでうどんこ病に強いサルスベリが育種されて以降、さらに広く利用されています。育種の親に使われたのはうどんこ病に対する耐性をもっていた日本の屋久島に自生するヤクシマサルスベリです。

上/神奈川県で育種された'ディア ルージュ'。右/うどんこ病に耐性のあるヤクシマサルスベリは白花。

※学名：*Lagerstroemia indica*
※ミソハギ科の落葉中木
※花期：7月〜10月
※花言葉：あなたを信じる

■夏■

# ムクゲ

この大きな花は夕方には萎みます

中国原産で、平安時代以前に伝わったといわれています。花が少ない真夏に優雅な花を咲かせること、また、耐暑性だけでなく、耐寒性も強い丈夫な性質のため、個人邸の庭木としても古くから利用されてきました。ムクゲの花は朝に開き、夕方には萎んでしまうため、「槿花一日の栄(えい)」ともたとえられています。

上／ごく淡いパープルの'夏空'は見惚れるほどの美しさ。右／純白の花弁が美しい'レッドハート'。

※学名：*Hibiscus syriacus*
※アオイ科の落葉低木
※花期：7月～9月
※花言葉：信仰

暑さも忘れて見惚れる
ふんわり大きな花

上／一般的なフヨウは一重の大輪。ふんわりと咲く姿はとても優雅。下／スイフヨウを朝見ると、開花したての白花と、前日に萎んだ濃いピンクが混在する。

※学名：*Hibiscus mutabilis*
※アオイ科の落葉低木
※花期：8月〜10月
※花言葉：繊細美

## フヨウ

近縁種のムクゲより少し遅く開花します。とくに人気があるのが変種のスイフヨウで、漢字で書くと酔芙蓉。八重咲きの花は、朝の咲き始めは白く、日中はピンク、そして夕方には濃いピンクに。お酒を飲んで顔が赤くなるさまにたとえた命名は日本の植物分類学の父といわれる牧野富太郎博士によるものです。

# 夜から朝に開花する花

早起きして見たくなる！

花は朝に開花するとは限りません。前日の夕方〜夜間にかけて開花するものもあり、とくに夏に多く見られます。そのほとんどが午前中の早めに萎んでしまうので、早起きした人しか見られない場合もあります。たとえば、キカラスウリ。レースのように繊細な花を咲かせますが、夜に咲き、朝8時くらいには萎んでしまうのです。ぜひ早起きして見てみてください。

### キカラスウリ

ウリ科のつる性宿根草で、秋に黄色の卵形の実を付けます。花が咲くのは日没後。赤い実を付けるカラスウリも夜間に花を咲かせ、明け方には萎みますが、キカラスウリの花は日の出後もしばらく残っているので、朝の散歩で見られます。花期は7月〜8月。

左/午前7時撮影。花弁がくるくる巻いて萎み始めました。

午前5時30分撮影。まだきれいに開いています。

オシロイバナは前日の夕方から咲き出し、午前中早めに萎む一日花。花期は6月〜10月。

ハスは明け方くらいから咲き出し、午前7〜9時には満開に。植物園などではその時間に合わせ、オープンを早めている所もあります。花期は6月下旬〜9月。

# 秋

鮮やかな黄色がまぶしいほど

白いヒガンバナは新鮮な印象！

# リコリス

地面からまっすぐ立ち上がる花茎の先端に、華麗で繊細な花を咲かせます。早咲きは7月中頃から、遅咲きは10月に入ってから咲き出します。リコリスの生育サイクルはユニークで、多くの種類は花が先に咲き、葉は花後の秋、または早春に出て初夏にすべて枯れます。そのため「葉見ず、花見ず」といわれています。

1. 原種のオーレア。ショウキズイセンの和名でも知られる。 2. 原種のアルビフローラで、和名はシロバナマンジュシャゲ。マンジュシャゲは彼岸花の別名。 3. ナツズイセンの和名で知られる原種のスクアミゲラは、7月下旬から開花し、葉は翌年の早春に出る。青みがかったピンクがとても美しく人気が高い。

※学名：Lycoris
※ヒガンバナ科の球根植物
※花期：7月中旬～10月中旬
※花言葉：誓い

秋の到来が近いことを
一瞬の華やかさで
伝えてくれます

秋

※学名：*Gomphrena*
※ヒユ科の一年草・宿根草
※花期：7月〜11月
※花言葉：不変の愛

## センニチコウ

鮮やかに色づく部分は花ではなく苞。この苞の色が長く褪せずに残ることから千日紅の名前に。花径2cm程度のポンポンがよく咲き、花色も赤、白、ピンク、紫と揃い、ドライにしても花色は褪せません。キバナセンニチコウとも呼ばれるハーゲアナ種は地下に球根を作るため、温暖地では宿根することもあります。

ポンポンと飛ぶように咲く景色を見ると心も弾んできます！

人気の'ファイヤーワークス'の群生。花火のように弾ける花形がユニーク。

# ハギ

『万葉集』でもっとも多く詠まれた花です

秋の七草に数えられるハギは、園芸植物としての起源は日本とされます。『万葉集』に詠まれた植物が160種類ある中、ハギを詠んだ歌は141首と圧倒的な多さを誇り、古くから親しまれていることがわかります。よく利用されるのはミヤギノハギで、生育旺盛で枝垂れる性質からトンネル仕立てに利用されます。

秋

枝垂れる性質のミヤギノハギ。ほかに枝が枝垂れないヤマハギ、紅花や白花を咲かせるニシキハギなどがある。

※学名：*Lespedeza thunbergii*

※マメ科の落葉低木

※花期：7月〜9月

※花言葉：前向きな恋

雄花の蕾はかわいらしいハート形!

## シュウカイドウ

ベゴニアの仲間で、花の雰囲気がよく似ています。7月下旬から咲き出しますが、咲き揃うのは9月の中旬以降。中国原産で、江戸時代に移入されたといわれています。漢字で書くと秋海棠。同じく中国原産でバラ科の低木のハナカイドウのようなピンクの花を秋に咲かせることからつけられたといわれています。

茎の下部で長い花柄を下げて咲くのが雌花で、濃いピンクの部分は萼、淡いピンクが花弁。茎の上部で淡いピンクの花を咲かせるのが雄花で、蕾はハート形。

▶ 秋 ◀

※学名：*Begonia grandis*
※シュウカイドウ科の宿根草
※花期：7月下旬〜10月中旬
※花言葉：自然を愛す

## ノゲイトウ

ケイトウには多くの種類がありますが、なかでも野趣を感じさせるのがノゲイトウです。すっと尖った花穂が涼やかで、それが何本も並び咲くさまは、秋の草原を連想させます。切り花では学名のセロシアの名で出回ることもあります。

小さなキャンドルのよう。素朴な花姿が魅力

上／人気品種'キャンドル'。
左／花色が淡い'シャロン'。

※ 学名：*Celosia argentea*
※ ヒユ科の一年草
※ 花期：7月〜11月
※ 花言葉：おしゃれ

## キバナコスモス

夏前から咲き出すので、花色からマリーゴールドに見間違えがちですが、コスモスの近縁種です。黄色のほか、オレンジ色や赤に近い朱色もあり、いずれもとても鮮やか。一重咲きのほか、ボリューム感のある半八重咲きもあります。

鮮やかな花色は秋に見るとより魅力的

ビビッドカラーの群生は遠目にもよく目立つ。コスモスより葉の幅が広いのも特徴。

※ 学名：*Cosmos sulphureus*
※ キク科の一年草
※ 花期：6月〜10月
※ 花言葉：野生美

## ヒガンバナ

曼珠沙華とも呼ばれ、リコリスの仲間でいちばんなじみのある花です。それもそのはず、原産地は日本と中国で、日本各地にヒガンバナの名所があります。花には雄しべと雌しべが計42本もあり、アップで見るととても繊細な美しさ。

リコリス・ラジアータはおなじみの花の学名

ちょうど秋のお彼岸頃から開花する。木の根元にかたまって咲く姿も風情がある。

※学名：*Lycoris radiata*
※ヒガンバナ科の夏〜秋植え球根
※花期：9月上旬〜10月上旬
※花言葉：情熱

## コルチカム

早春に咲くクロッカスに似ていることからオータムクロッカスという別名でも知られます。ただ、花はクロッカスより二回りくらい大きく、少し青みを含んだ涼やかなピンク、または白の花色が秋の爽やかな空気感によく似合います。

この花が咲き出すと秋もいよいよ本番です

上／八重の群生は涼やかで優雅。右／清楚な白花もある。

※学名：*Colchicum*
※イヌサフラン科の夏〜秋植え球根
※花期：9月中旬〜10月
※花言葉：美徳

## フジバカマ

秋の七草に数えられるフジバカマは、日本に自生しますが、適した生育環境が少なくなり激減しています。庭で利用されるのはセイヨウフジバカマで、多くの園芸種があり、青色フジバカマと呼ばれる園芸品種がよく栽培されます。

※学名：*Eupatorium*
※キク科の宿根草
※花期：7月～9月
※花言葉：あの日を思い出す

青色フジバカマ。アゲラタムに似ています

淡い青紫の花が涼しげな青色フジバカマ。アゲラタム（P.145）より葉が細長いのが特徴。

## チェリーセージ

学名はサルビア・ミクロフィラとしましたが、日本ではグレッギー、及びこの2種の自然交雑種のヤメンシスも含めチェリーセージと呼んでいます。その多くが赤や濃いピンクですが、パステルピンクや白花もあります。

※学名：*Salvia microphylla*
※シソ科の宿根草
※花期：5月～11月
※花言葉：燃ゆる思い

気温によって花色が変わる品種です

赤白の園芸品種'ホットリップス'は、気温が高いと赤が多く、低めの時期には白が多い。

## ムラサキシキブ

学名のカリカルパはギリシア語で美しい果実という意味。ムラサキ色の実が美しく、欧米ではジャパニーズ・ビューティー・ベリーと呼ばれ、とても人気があります。実がかたまって付く近縁種のコムラサキがよく栽培されます。

※学名：*Callicarpa japonica*

※シソ科の落葉低木

※花期：9月～10月

※花言葉：愛され上手

たわわにつく美しい実。欧米での人気も納得！

上／コムラサキシキブ。左／コムラサキの白花品種。

## キンモクセイ

ジンチョウゲ、クチナシとともに日本の三大香木にあげられます。甘く心地よい香りは昔から香水の原料などに利用されてきました。常緑性で小さな葉が密に茂るため、垣根などにもよく利用されています。

※学名：*Osmanthus fragrans var.aurantiacus*

※モクセイ科の常緑中木

※花期：9月中旬～10月上旬

※花言葉：真実

秋の到来を甘い香りで知らせます

上／満開のキンモクセイ。右／白花はギンモクセイと呼ばれる。

# コスモス

すっきりとした一重の花形で、花色は白とピンク。そんなこれまでの概念が覆されるほど、花形も花色も豊富になっています。ボリューム感のある〝ダブルクリック〟や、パステルイエローの品種などの登場で、より魅力的な花になっています。全国のコスモスの名所で、さまざまな品種を見られるのも楽しい！

※ 学名：*Cosmos bipinnatus*
※ キク科の一年草
※ 花期：6月～11月
※ 花言葉：少女の純潔

秋

ストレートに秋の季節感を伝えるパワーのある花です

秋になると一度は見ておきたくなるコスモスの群生。これは'センセーション'という品種。

# ホトトギス

この気品ある花を
ヒキガエルとは…

日本に10種以上の原種が自生します。花に入る白地に紫色の斑点が鳥のホトトギスの胸部の模様に似ていることが名前の由来。英名はToad Lily。美しい斑点はToad＝ヒキガエルの模様にたとえられています。ヤマホトトギス、サツマホトトギス、タイワンホトトギスなどの自生種があり、園芸品種も多くあります。

秋

上／風情のある花は古くから茶花として親しまれている。
右／清楚な白花も魅力的。

※ 学名：*Tricyrtis hirta*
※ ユリ科の宿根草
※ 花期：7月〜10月
※ 花言葉：永遠

秋を彩る優しいピンク。
イギリスでも大人気!

## シュウメイギク

中国から日本に伝わり、古くから親しまれている花。イギリスではジャパニーズアネモネの名で愛され、現在、日本で広く栽培されているのは、イギリスで改良された‚ハドスペン アバンダンス‚とその改良品種です。草丈がやや低めで、台風などで倒伏しにくいのが魅力。一重のほか、半八重、八重の品種もあります。

一重の大きな花が愛らしい‵ハドスペン アバンダンス‵。花弁に見えるのは萼(がく)。花後につくタネを包んだ綿毛も愛らしい。

※学名：*Anemone hupehensis*
※キンポウゲ科の宿根草
※花期：8月中旬～11月
※花言葉：多感なとき

## サルビア・アズレア

数ある青花のサルビアの中でも、とびきり美しい澄んだ空色の花を咲かせることからブルーセージとも呼ばれます。咲き始めが9月とサルビアの中でも遅いのが特徴で、秋の青花として非常に人気があります。

※学名：*Salvia azurea*
※シソ科の宿根草
※花期：9月〜11月
※花言葉：知恵

秋に入ってから咲き出します

こんなに鮮やかで美しい空色は珍しい。開花期間が短い分、より貴重な存在。

## サルビア・ガラニチカ

花ひとつが大きく、美しい青紫の花色がとてもよく目立ちます。より青に近いものや水色もあり、どれも茎が黒く、蕾も黒いのが特徴でシックな雰囲気。アニスセンテッドセージの別名がありますが、メドーセージでも出回ります。

※学名：*Salvia guaranitica*
※シソ科の宿根草
※花期：8月〜10月
※花言葉：燃ゆる思い

大人っぽい雰囲気のサルビアです

園芸品種の'パープルマジェスティ'は、茎の黒みがより濃くシックな雰囲気。

## キミキフガ

属名はアクタエアですが、旧属名のキミキフガでよく呼ばれます。根元につく葉の中からすっと花茎を立ち上げ、涼しげな白の花穂を揺らす姿は風情があります。サラシナショウマやオオバショウマ、イヌショウマなども仲間です。

風に揺れる白い花穂がエレガント

花穂が太く丸みがあるのが特徴。右に左に向く花穂がリズミカル。

※学名：*Actaea*
※キンポウゲ科の宿根草
※花期：8月〜10月
※花言葉：助力

## ミューレンベルギア

秋に穂を立ち上げるグラス類の中でも、人気が高いのがミューレンベルギアです。それまではごく細い葉が茂っているだけの目立たない存在だったのが、秋になると繊細な紅色の花穂が立ち上がり、誰もが感嘆するほどの美しさです。

まるで紅色のスモーク。幻想的な景色に

よく利用されるのはカピラリスで、草丈は90cmほどになる。

※学名：*Muhlenbergia capillaris*
※イネ科の宿根草
※花穂の観賞期間：9月〜11月
※花言葉：幻想

# ダリア

6月中旬から咲き出し、盛夏に一時、開花を休んで秋に再び花を咲かせます。気温が下がり始めると花色がより濃くなります。鮮やかな花色で凛と咲き誇る秋のダリアにはドラマチックな雰囲気があります。日本のダリアの育種は世界でもトップクラスで、毎年のように新品種が登場し、品種が豊富に出回ります。

- ※学名：*Dahlia*
- ※キク科の春植え球根
- ※花期：6月中旬～11月
- ※花言葉：栄華

より冴えた花色の秋のダリア。
ドラマチックな美しさに心が震えます

秋田県秋田市にある秋田国際ダリア園では多くの品種が見られる。

美しい空色がいっぱい！
秋が花の盛りです

上／人気の高い'ヘブンリーブルー'。
下／濃い花色が優雅な'クリスタルブルー'。
セイヨウアサガオは本来は宿根草だが、
耐寒性がないため一年草扱いとされる。

※学名：*Ipomoea tricolor*
※ヒルガオ科の一年草
※花期：8月～11月
※花言葉：結びつき

## セイヨウアサガオ

熱帯アメリカ原産で、美しいブルーの花を咲かせる品種が多くあることから、ソライロアサガオとも呼ばれます。生育力がとても旺盛で、品種によってはつるを10mくらい伸ばします。秋に入ってから盛りを迎えるのは、日の入りが早くなり、日照時間が短くなる頃に花芽形成が促進される短日植物の性質のためです。

株いっぱいに咲く ボリューム感が魅力!

# 宿根アスター

キク科アスター属の宿根草を総称して宿根アスターと呼びます。日本に自生するシオンやノコンギクも仲間です。種類によって花期が異なりますが、秋に盛りを迎える種類が多く、小さなノギクのような花を株いっぱいに咲かせます。白や淡いピンク、薄紫など、涼しげで上品な花色が秋の雰囲気によく似合います。

上／青みがかった薄紫の花を咲かせる'リトルカーロウ'。下／白い花弁で花心にピンクが入る'レディインブラック'。どちらも花付きがよく人気の高い品種。

※学名：*Aster*
※キク科の宿根草
※花期：6月中旬～11月
※花言葉：信じる心

## シオン

中国での花名の紫苑がそのまま日本に伝わったものといわれています。日本の伝統色の一つに紫苑色があり、『源氏物語』など平安時代の文学にたびたび登場します。とくに秋に着用される着物や襲の色目として使われていたそうです。

平安時代から人気の花色です！

上／葉の縁にギザギザがある。
左／花弁の色が紫苑色。

※学名：*Aster tataricus*
※キク科の宿根草
※花期：9月～10月
※花言葉：ご機嫌よう

## イソギク

海岸の崖や岩場に自生する日本の固有種の野生菊です。鮮やかな黄色の花は、筒状花のみで構成されていて、花弁（舌状花）がないのが特徴。交配して筒状花の外側に花弁が生じることがあり、変化した花はハナイソギクと呼ばれます。

別の姿の花に変身することも!?

葉の白い縁取りは葉裏に密生する白い短毛がはみ出したもの。

※学名：*Chrysanthemum pacificum* Nakai
※キク科の宿根草
※花期：10月～12月
※花言葉：感謝

秋

## ツワブキ

花色が少ない季節にまぶしい黄色がうれしい

1本の花茎から花径3cmほどの花をいくつも咲かせるので、株姿にボリュームがある。

多くの花が枯れていく季節に、花茎をすっと立ち上げ、黄色の花を咲かせます。漢字で書くと石蕗。海岸の岩場などでも育つ丈夫さからつけられました。食用のフキと比べると葉が厚手で、光沢があるのが特徴で冬の間も茂ります。

※学名：*Farfugium japonicum*
※キク科の宿根草
※花期：10月～12月
※花言葉：先を見通す能力

## ピラカンサ

枝が隠れるほどびっしりと赤い実！

上／トキワサンザシの実。
右／トキワサンザシの花。

庭木で広く利用されるトキワサンザシ、タチバナモドキ、カザンデマリの3種を指してピラカンサと呼びます。トキワサンザシは赤、タチバナモドキは黄色からオレンジ色、カザンデマリは濃い赤と、実の色でおよそその区別ができます。

※学名：*Pyracantha*
※バラ科の常緑中木
※実の観賞期：11月～翌年2月
※花言葉：愛嬌

# サルビア・レウカンサ

晩秋まで楽しめるサルビアで、鮮やかな紫の花色が天然石のアメジストに似ていることから、アメジストセージとも呼ばれます。草丈が高く花穂も長いので、この花だけでも美しいシーンを生み出します。花色に深みがあるのはベルベットのような質感によるもの。かわいらしいピンク花の品種も出回ります。

※学名：*Salvia leucantha*
※シソ科の宿根草
※花期：8月中旬〜11月
※花言葉：炎のような情熱

アメジストセージ。
宝石の色に
たとえられる
美しいバイオレット

長い花穂の動きが表情豊かでスケールの大きな景色を生み出す。

秋

# ヤナギバヒマワリ

晩秋の庭に輝きを
もたらします

ヤナギバヒマワリの代表品種'ゴールデンピラミッド'。花径5〜7cmの一重の花が1本の枝に房になって咲く。

※学名：*Helianthus salicifolius*
※キク科の宿根草
※花期：9月〜11月
※花言葉：君のそばにいるよ

ヘリアンサスの一種で、葉がヤナギのように細いことからヤナギバヒマワリと呼ばれます。株を覆うように黄色の花をたくさん咲かせる姿が魅力的。キク以外で秋に咲く黄色の花は少なく、大きな株姿でボリュームいっぱいに花を咲かせる種類はなかなか見当たらず、秋の庭で大活躍します。

秋

# スプレーギク

> 庭の季節のフィナーレを飾ります

手前の黄花は'エクセレントマム ピコ'。奥のピンクは'桃華'。小花が密に咲きボリューム感ある株姿が楽しめる。

※学名：*Chrysanthemum morifolium*
※キク科の宿根草
※花期：6月〜翌年1月
※花言葉：気持ちのさぐり合い

ヨーロッパで改良されたガーデンマム、アメリカで矮性の園芸品種として育成されたポットマムなどがよく栽培されます。花が少ない晩秋から冬に、明るい花をもりもり咲かせ、庭に彩りをもたらしてくれます。

枝分かれして小さな花がたくさん咲くタイプで、スプレーマムとも呼ばれます。日本のキクを元に

晩秋の庭でひときわ目立つ存在です！

庭の植物が枯れゆく中、もりもり花を咲かせるウインターコスモスの'イエローキューピッド'。これは12月中旬の様子。白花品種もある。

## ビデンス

メキシコを中心に世界各地に200種以上が自生し、秋〜冬に咲くタイプがウインターコスモスと呼ばれます。その代名詞的存在が、'イエローキューピッド'という園芸品種で、黄色の花弁の先に白が入るかわいらしい花をたくさん咲かせます。一重のすっきりした花はコスモスに似ていますが、コスモスとは属が異なります。

※学名：*Bidens*
※キク科の一年草・二年草・宿根草
※花期：10月〜12月
※花言葉：もう一度愛します

## プロのガーデンカメラマンに教わる
# 花の写真を上手に撮るコツ①

花の写真をより上手に撮るために
撮影スキルがアップするノウハウを紹介します。

[天気] 花色を美しく表現できる「明るい曇り」

必ずしも晴れた日が撮影日和ではありません。直射日光が強いと陰影が生まれ、影の部分は黒く、光が当たる部分は明るくなりすぎてしまいます。花色を美しく表現し、適度なメリハリのある写真を撮るなら「明るい曇り」の日を選びましょう。晴れ時々曇りの日でも、雲が日差しを遮るタイミングを待てば、きれいな花色に映ります。

After

Before

右下／つるバラの'リージャン ロード クライマー'を晴天で撮ると、陰影が強すぎて美しい花形もグラデーションもきれいに表現できなかった。上／同じバラを明るい曇りの日を選んで撮影したもの。

**教えてくれるのは**

ガーデンカメラマン
**横田秀樹**さん

園芸誌の連載で各地の庭や農園を撮影するほか、海外へも足を運び撮影を重ねる。著書多数。

## 時間帯　花をスマートに撮影できる「朝」

花は朝から開き始めるものが多いので、「朝」に撮影するのがおすすめです。いきいきとした表情が撮影できますし、チューリップのように気温の上昇とともに花弁がどんどん開いて変化するものもあるので、すっとスマートな花形を撮影したいなら朝の時間帯に。

また、朝は斜めから日差しが当たるので、ほどよくメリハリのある写真が撮れます。太陽が高くなるお昼前後に撮影すると、陰影が強すぎてきれいに撮れないことが多いので、お昼前後は避けて斜めからの日差しになる時間を選びましょう。

上／10月下旬のハボタンの花壇。これは午後1時くらいに撮影した写真。右／同じハボタンの花壇を朝、撮影したもの。ハボタンの少しグレーがかった葉色がとてもきれいに表現できる。

### 撮影におすすめの時間帯の目安

- ■春　　朝は9時くらいまで。午後は14時以降。
- ■初夏　朝は8時30分くらいまで。午後は15時以降。
- ■夏　　朝は8時くらいまで。
　　　　夏の間は暑さで花が疲れているので午後の撮影はなし。
- ■秋　　朝は10時くらいまで。午後は14時以降。

※太陽の高さは季節・場所によって変わります。

# 6

# 冬

## サザンカ

日本の固有種、つまり日本にしか自生していない花木です。ツバキの学名はカメリア・ジャポニカですが、台湾や朝鮮半島、中国の一部も原産地とされています。サザンカが先に咲き始め、続いて冬咲きのツバキが咲き始めます。種類が豊富にあり花期も異なるため、さまざまな品種が春までリレー咲きします。

※学名：*Camellia sasanqua*
※ツバキ科の常緑中木
※花期：10月～翌年4月
※花言葉：理想の恋

花数が増えるにつれ、晩秋から冬へ、季節が移り変わります

サザンカは花弁がばらけて散り、ツバキは花ごとぽとりと落ちる。

枯れ葉の積もる地面を華やかに彩る！

# ガーデンシクラメン

耐寒性のある原種をもとに育種された小型のシクラメンで、デビューは1996年。それ以前は原種系を除けば屋外で栽培できるシクラメンはなかったので、とても画期的なことでした。通常のシクラメンより株のサイズが小さめで、それを生かして寄せ植えにもよく利用されます。最近では紫の花色も登場しています。

耐寒性が強く、−5℃までなら耐えられるため、温暖地であれば冬季の屋外でも花を咲かせ続ける。濃淡ピンク、赤、白、紫の花色がある。

※学名：*Cyclamen persicum*
※サクラソウ科の宿根草
※花期：10月〜翌年4月
※花言葉：はにかみや

> ツバキが咲き出したら
> いよいよ冬の到来

上／花付きがとてもよい'菊冬至'。下／趣を感じさせる'紅侘助'。侘助は'有楽'という品種を親とし、葯が退化した雄しべ(侘芯)をもつのが特徴。

## ツバキ（冬咲き）

品種によって開花時期が異なり、秋咲き、冬咲き、早春咲き、春咲きに分けられます。サザンカに続いて咲き出すのが冬咲きです。昔から茶花として親しまれ、なかでも人気が高いのが侘助で、これも冬咲きです。野趣を感じさせるシンプルな花形で、'白侘助'、'紅侘助'、'数寄屋'、'胡蝶侘助'などがあります。

※学名：*Camellia japonica*
※ツバキ科の常緑高木
※花期：11月下旬〜翌年1月上旬
※花言葉：完全な愛

## クレマチス
（冬咲き）

> 空から舞い降りた雪の精のよう

春咲き、四季咲き、夏〜秋咲きがあり、種類は少ないながらも冬咲きの系統もあります。よく利用される冬咲き種は、シルホサ系とカンパネラ系で、シルホサ系はパラシュートのような白花、カンパネラ系はベル型の白花を下向きに咲かせます。シルホサ系の園芸品種の'ジングルベル'は人気があります。

上／パラシュートのような花形がかわいらしいシルホサ系の園芸品種'ジングルベル'。
右下／花後のタネもおもしろい。

※学名：*Clematis*
※キンポウゲ科の
　落葉・常緑つる性花木
※花期：10月〜翌年2月上旬
※花言葉：心の美

冬

花ではなく葉。冬の花壇の主役です

## ハボタン

冬の花壇の主役として頼れる存在。葉形で分けると丸葉種、ちりめん種、切り葉種、フリンジ咲きなどがあり、草丈では70〜80cmまで高くなる高性種と、20〜30cmほどの矮性種があります。寒さに当たると中心部から葉色が徐々に鮮やかになり、赤や紫、白などの品種がもつ本来の色彩が美しく出るようになります。

シックな葉色、波打つ葉形が美しい。少し粉を吹いたようなマットな質感も魅力。最近ではその印象を覆す光沢のある照り葉の品種も登場している。

※学名：*Brassica oleracea var. acephala*
※アブラナ科の二年草・宿根草
※葉の観賞期：11月〜翌年2月
※花言葉：祝福

## ユリオプスデージー

周囲の花が枯れゆく11月から明るい黄色の花を咲かせ始め、それが冬の間ずっと続きます。ユリオプス属には、マーガレットコスモスというよく似た花があり、花期は4月〜12月。11月〜12月は、両方の花を楽しめます。

※学名：*Euryops pectinatus*
※キク科の常緑低木
※花期：11月〜翌年5月
※花言葉：夫婦円満

鮮やかな黄色の花を冬の間ずっと咲かせます

ユリオプスデージーの葉はシルバーがかった緑色で、切り込みが深く繊細な葉形。

## ローズマリー

学名のロスマリナスはラテン語で「海の雫」の意味で、花色と形に由来しています。小さな花ですが、澄んだブルーの花を見ると心が洗われるような気持ちになります。厳寒期を経て初夏の頃まで花が咲き続けます。

※学名：*Rosmarinus officinalis*
※シソ科の常緑低木
※花期：11月〜翌年5月
※花言葉：あなたは私をよみがえらせる

肉料理と相性のよいハーブです！

木の根元を覆うように茂るほふく性のローズマリー。

## ストック

花壇でよく見かける矮性種がかわいらしい！

ミニストックと呼ばれる矮性種の'キスミー'シリーズ。草丈は20〜30cm。

ボリューム感のある花穂が切り花でも人気のストックは、11月から花壇で花を咲かせます。白、黄色、ピンク、赤紫、紫と花色が豊富で、一重咲きと八重咲きがあります。切り花では高性種、庭では矮性種がよく利用されます。

※学名：*Matthiola incana*
※アブラナ科の一年草
※花期：11月〜翌年4月
※花言葉：永遠の美

## ウインターパンジー

素敵な花色が冬の地面を彩ります

'ナチュレ'は、ニュアンスのあるしゃれた花色が豊富。

もともと耐寒性のある花ですが、冬の寒さの中でも花が咲くように品種改良されたものがウインターパンジーの名で出回ります。その代表的存在なのが、'ナチュレ'シリーズで10月下旬から晩春まで花が続きます。

※学名：*Viola×Wittrockiana*
※スミレ科の一年草
※花期：10月下旬〜翌年5月
※花言葉：私を思って

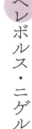

冬の貴婦人と呼ばれます

## ヘレボルス・ニゲル

クリスマスローズと呼ばれるのは本来この種類。基本種は雪のような白花ですが、ニゲルと他の種類の交配から、濃淡ピンク系の品種も生み出されています。有茎種で、立ち上がった茎に葉をつけ、その頂部に花を咲かせます。

※学名：*Helleborus niger*
※キンポウゲ科の宿根草
※花期：12月下旬〜翌年2月
※花言葉：私の心配をやわらげて

ニゲルの交配品種'HGCカイザー'。美しく、どこかゴージャスな雰囲気。

## エリカ

南アフリカ原産種を改良したジャノメエリカがよく出回ります。かわいらしい白花を咲かせるスズランエリカも人気があります。英名でヒースと呼ばれるのはヨーロッパ原産で、荒れ地を覆うように咲く逞しい性質です。

※学名：*Erica*
※ツツジ科の常緑低木
※花期：10月〜翌年6月
※花言葉：博愛

ヘビの目を近づいて見たくなる！

黒い雄しべの葯が蛇の目に見えることからジャノメエリカに。

## スキミア

花より魅力的な蕾を長く楽しめる!

日本にも自生するミヤマシキミがヨーロッパに伝わって改良されたもので、シキミアとも呼ばれます。蕾の時期が長く、3月に咲く花より魅力的。濃いピンクやピンク、グリーンなどがあり、花のようによく目立ちます。

上／赤く色づく蕾が目立つ。
左／花はごく淡い色合い。

※学名：*Skimmia japonica*
※ミカン科の常緑低木
※花期：10月～翌年2月
※花言葉：寛大

## センリョウ

赤い実があると冬の植栽が華やか!

葉形が小判に似ていることから千両(りょう)と名づけられ、赤い実がたくさんつくため昔から縁起がよい木として親しまれています。センリョウより大きな実がつくマンリョウはサクラソウ科に属し、センリョウとは異なる木です。

冬の間華やかな赤い実が楽しめるのが魅力。

※学名：*Sarcandra glabra*
※センリョウ科の常緑低木
※実の観賞期：11月中旬～翌年1月
※花言葉：恵まれた才能

プロのガーデンカメラマンに教わる

# 花の写真を上手に撮るコツ②

花の写真をより上手に撮るために
撮影スキルがアップするノウハウを紹介します。

## 構図 「引き算」で美しい構図を作る

主役が引き立つ美しい構図を作るのに大切なのは「撮影前に画面から余分なものを省く（引き算する）こと」です。

アップで撮影する場合は、周囲にある花がらや枯れている葉、花についているゴミなどを省きましょう。少し引いた写真を撮る場合は、看板や標識、車など省きたいものが隠れるアングルを探してみてください。

Point

花にかかっている枯れた茎などを取り除く。
※観光ガーデンなどでは、ガーデナーさんにお願いするか、断りを入れてから取り除いて。

After

Before

上／右下の写真と同じ景色を横田さんが撮影。高圧線の鉄塔や電線を避けられる構図は、さすがプロの技！　右下／引き算をせずに撮影したもの。鉄塔や電線が入り込んでしまっている。

教えてくれるのは

ガーデンカメラマン
**横田秀樹**さん

冬

210

## 距離感　同じ花を「3つ」の距離感で撮ろう

距離感を変えて撮影することで、アップでは花そのものの美しさを、中間距離では花のボリューム感や葉、引きでは草丈・樹高、株幅をわかりやすく表現することができます。

さらに、周囲に咲くほかの花などが入ると季節感がわかりやすくなります。また、花の名前がわからず、あとで調べる際にも中間距離や引きの構図があると便利。中間距離の構図では、花がどのように花茎についているかや、葉の形状やつき方、引きの構図では草丈や樹高が花名を確定するヒントになります。

**引きの構図**

**草姿や樹形全体が入る距離**

枝がつる状に伸びて、ダイナミック。引いた構図で撮ることで、支柱の高さがわかり、樹勢がとても強いことも想像できる。

**中間距離**

**花茎が数本入る距離感の構図**

複数輪が咲く様子がとてもきれいな構図。支柱にネットを巻いて絡めるように仕立てていることからつるバラだとわかる。

**アップ**

**近づいて撮影**

見かけたら絶対にアップで撮りたくなる、ひと目惚れしそうな鮮やかさ。フランスのメイアン社が作出した'クリムゾンスカイ'。ただし、赤バラは品種がたくさんあるので、花のアップだけでは見返したときに品種名の確定ができないことも。

SNSに写真を投稿するときも距離感の異なる写真を組み合わせてみましょう！

冬

# おすすめの全国ガーデンリスト

花散歩に出かけよう！

## ① いまもっとも注目！「ペレニアルガーデン」

さまざまな種類の宿根草と球根植物を組み合わせたペレニアルガーデンは、とりわけ季節感を感じられるのが魅力。注目の2箇所はタイプが異なるので、ぜひどちらにも足を運んでみてください。

※花の見頃は気温や天候などによって変わることがあります。また、開園時間などの詳細は公式サイトなどでお調べのうえお出かけください。

東京都稲城市
## HANA・BIYORI PIET OUDOLF GARDEN TOKYO
### 世界的景観デザイナーが手がける日本初のガーデン

オランダ人のピート・アウドルフ氏が手がける本格的なナチュラリスティックガーデン。芽出しから枯れ姿まで、植物の生育サイクルと四季の移ろいを楽しめる庭です。面積は約500㎡。

東京都稲城市矢野口4015-1
https://www.yomiuriland.com/hanabiyori/garden/piet-oudolf-garden-tokyo/

右／宿根草が大株に育ちボリューム感ある景観に。左／秋の幻想的な景色も魅力。

---

神奈川県愛甲郡
## 服部牧場 ファームガーデン
### 山あいの牧場にたたずむ珠玉の庭

宿根草をメインに、季節の球根類と一年草を加えた庭で、約900㎡を1,000種以上の植物で構成。ガーデナーの平栗智子さんの植物への愛情とこだわりが詰まった魅力的な庭です。

神奈川県愛甲郡愛川町半原6087
https://kanagawa-hattoribokujou.com

右／7月上旬、初夏と夏の花が交じり咲く美しい景色に心が弾む。左／のどかな牧場の景色に癒される。

## ② 季節の花が種類豊富に！「総合的なガーデン」

宿根草、一年草、球根植物、そして花木と、種類豊富な植物を見られるガーデンは、どの季節に訪ねても見所が満載。異なる花が次々に咲くので、時期を変えて何度も訪ねたくなります。

バラが咲き出す5月下旬の「シーズンガーデン」。

長野県大町市
### ラ・カスタ ナチュラル ヒーリング ガーデン

#### どの時期も花があふれる癒しの花園

「植物の生命力と癒し」をテーマに10のエリアで構成。約800種類の草花や約200種類の樹木が育ち、季節ごとの植物に出会えます。予約制でゆったりと庭を巡れるのも魅力。

長野県大町市常盤9729-2
https://www.lacasta-garden.com/

6月中旬にはハナビシソウの景色も。

神奈川県平塚市
## 神奈川県立 花と緑のふれあいセンター
## 花菜ガーデン

### 1年を通して見所が豊富にある

約9.2haにフラワーゾーンとアグリゾーンがあり、花や花木のコレクションが楽しめます。

神奈川県平塚市寺田縄496-1
https://kana-garden.com

バラ園は関東でも有数の品種数を誇る。

---

北海道中川郡
## 十勝ヒルズ

### のびやかに広がるスケール感が魅力

「花と農と食」をテーマにしたガーデン。約23haの園内には約1,500種の花や花木が植えられ、心まで花色に染まります。

北海道中川郡幕別町字日新13-5
https://www.tokachi-hills.jp

香りをテーマに集めたバラの植栽。

---

静岡県浜松市
## はままつフラワーパーク

### フジの新しい魅力を発見できる！

約1,500本のサクラとチューリップの景色に続き、4月中旬からはフジと初夏の草花が共演！ 見たことのない景色に感動。約30ha。

静岡県浜松市中央区舘山寺町195
https://e-flowerpark.com

フジと初夏の花の見事な景色。

北海道旭川市
## 上野ファーム

**ここにしかない景色に惚れ惚れ！**

温暖地の庭とは開花期と違うため、新鮮な花合わせの美しさに驚きます。寒暖差から生まれる花色の鮮やかさに感激！ 約1.3ha。

北海道旭川市永山町16-186
https://uenofarm.net

素朴な草花が生み出す美しい光景。

---

東京都立川市
## 国営昭和記念公園

**思い出に残る花景色に出会える**

約180haの広さで四季折々の花を楽しむことができます。とくにチューリップの植栽はデザイン性が高く見応えがあります。

東京都 立川市緑町3173
https://www.showakinen-koen.jp

まるでヨーロッパの景色のよう。

---

広島県世羅郡
## 世羅高原農場

**季節ごとに花の絶景が楽しめる！**

春のサクラ、チューリップ、夏のヒマワリ、秋のダリア。スケールの大きな花景色に何度も出会える場所です。約6.5ha。

広島県世羅郡世羅町別迫1124-11
https://sera.ne.jp

200品種、約75万本のチューリップが咲く。

高知県安芸郡
### 北川村「モネの庭」マルモッタン

**モネが夢みた青いスイレンに出会える**

水の庭のスイレン、花の庭の色とりどりの草花。フランスのジヴェルニーにあるモネの庭を訪ねたような気分が味わえます。約3ha。

高知県安芸郡北川村野友甲1100
https://www.kjmonet.jp

青緑の太鼓橋もフランスの庭そのまま。

---

新潟県見附市
### みつけイングリッシュガーデン

**どこを切り取っても英国風の景色に**

春のチューリップ、フジのトンネルからバラのアーチ……。多彩な草花との組み合わせはどれも優しい印象です。約2.2ha。

新潟県見附市新幸町35
https://www.city.mitsuke.niigata.jp/site/english-garden/

庭の管理は市民ボランティアが支えている。

---

鳥取県西伯郡
### とっとり花回廊

**大山の雄大な景色を望むフラワーパーク**

約50haの壮大な敷地を彩る草花は年間で400種、200万本。1周1kmの屋根付き展望回廊があり、雨の日でも楽しめます。

鳥取県西伯郡南部町鶴田110
https://www.tottorihanakairou.or.jp

大山を間近に春爛漫の景色が広がる。

## ③ 自生地に咲く景色が見られる「花の名所」

日本の固有種や人気の山野草が自然に咲く姿には、美しさと同時に逞しさが感じられます。生き生きと咲く花が群生する景色は感動的でさえあります。ぜひ一度お訪ねください。

ニリンソウ

**上高地**
長野県松本市安曇上高地
見頃：4月下旬〜6月上旬

バイカオウレン

**加茂地区バイカオウレン群生地**
高知県高岡郡佐川町加茂地区
見頃：1月下旬〜2月下旬

オオバナノエンレイソウ

**六花の森**
北海道河西郡中札内村常盤西3線249-6
見頃：5月中旬〜下旬

セツブンソウ

**国営武蔵丘陵森林公園**
埼玉県比企郡滑川町山田1920
見頃：2月〜3月

クリンソウ

**ちくさ湿原**
兵庫県宍粟市千種町西河内
見頃：5月中旬〜6月上旬

ミツマタ

**水源の里 老富（おいとみ）**
京都府綾部市老富町在中
見頃：3月下旬〜4月中旬

ニホンスズラン

**芽生（めむ）すずらん群生地**
北海道沙流郡平取町字芽生
見頃：5月下旬〜6月上旬

カッコソウ

**小平（おびら）カッコソウ群生地**
群馬県みどり市大間々町小平
見頃：4月下旬〜5月上旬

# おわりに

ウェブメディア『家庭画報ドットコム』で「365日花散歩に出かけよう」を連載したのは、2022年7月〜2023年6月。当時はまだコロナ禍にあり、遠出を控える状況でした。そんな中でも、日々の散歩でたくさんの花に出会えることをお伝えしたいと始めた連載でした。

その連載から212種をこの本にまとめましたが、1年でこれだけ多くの草花や花木に出会えるのですから、四季のある日本は本当にすばらしいですね。

植物の名前や特徴を教えてくださったプロのガーデナーさんたち、そして私より頻繁にガーデンを訪ね、美しい写真を撮りためてくださったカメラマンの横田秀樹さんに深く感謝申し上げます。そして、この本の出版にご尽力くださった皆様に深く感謝いたします。

# 索引 INDEX

## あ

| | |
|---|---|
| アイリス・レティキュラータ | 017 |
| アガスターシェ | 150 |
| アガパンサス | 124 |
| アキレア | 140 |
| アグロステンマ | 065 |
| アゲラタム | 145 |
| アジサイ | 116 |
| アジサイ'アナベル' | 117 |
| アジュガ | 059 |
| アスチルベ | 120 |
| アストランティア | 103 |
| アネモネ | 038 |
| アムソニア | 096 |
| アメリカハナズオウ | 057 |
| アリウム | 102 |
| アリウム・トリクエトルム | 065 |
| アルメリア | 058 |
| アンゲロニア | 158 |

## い

| | |
|---|---|
| イソギク | 190 |
| インパチェンス | 159 |

## う

| | |
|---|---|
| ウインターパンジー | 207 |

## え

| | |
|---|---|
| エキナセア | 141 |
| エリカ | 208 |
| エリスロニウム | 055 |

## お

| | |
|---|---|
| オウゴンシモツケ | 101 |
| オオデマリ | 090 |
| オルレア | 080 |

## か

| | |
|---|---|
| ガーデンシクラメン | 202 |
| ガイラルディア | 148 |
| ガウラ | 138 |
| カスミソウ | 071 |
| カライトソウ | 149 |
| カルミア | 118 |
| カンパニュラ・メディウム | 104 |

## き

| | |
|---|---|
| キキョウ | 136 |
| キバナコスモス | 176 |
| キバナセツブンソウ | 025 |
| キミキフガ | 185 |
| ギョリュウバイ | 021 |
| キンギョソウ | 068 |
| キングサリ | 085 |
| キンセンカ | 076 |
| キンモクセイ | 179 |

## く

| | |
|---|---|
| グラジオラス | 139 |
| クリサンセマム・パルドサム | 031 |
| クリサンセマム・ムルチコーレ | 031 |
| クレオメ | 150 |
| クレマチス | 110 |
| クレマチス(冬咲き) | 204 |
| クロコスミア | 134 |
| クロッカス | 008 |

## け

| | |
|---|---|
| ケマンソウ | 069 |
| ゲラニウム | 097 |

## こ

| | |
|---|---|
| コスモス | 180 |

| セイヨウオダマキ | 093 |
|---|---|
| セイヨウニンジンボク | 114 |
| セイヨウミソハギ | 139 |
| セツブンソウ | 016 |
| センテッドゼラニウム | 105 |
| センニチコウ | 172 |
| センリョウ | 209 |

## た

| ダウカス | 094 |
|---|---|
| ダッチアイリス | 092 |
| タニウツギ | 089 |
| ダリア | 186 |
| ダンコウバイ | 022 |

## ち

| チェリーセージ | 178 |
|---|---|
| チオノドクサ | 024 |
| チューリップ | 050 |

## つ

| ツバキ(冬咲き) | 203 |
|---|---|
| ツワブキ | 191 |

## て

| デージー | 030 |
|---|---|

| シュウメイギク | 183 |
|---|---|
| 宿根アスター | 189 |
| 宿根フロックス | 161 |
| シラー・シベリカ | 024 |
| シラー・ペルビアナ | 079 |
| ジンチョウゲ | 041 |

## す

| スイートアリッサム | 030 |
|---|---|
| スイセン | 026 |
| スイレン | 133 |
| スカビオサ | 112 |
| スキミア | 209 |
| スズラン | 078 |
| スタキス | 126 |
| ストック | 207 |
| ストロベリーキャンドル | 064 |
| スノードロップ | 015 |
| スノーフレーク | 045 |
| スプレーギク | 195 |
| スミレ | 054 |
| スモークツリー | 118 |

## せ

| セイヨウアサガオ | 188 |
|---|---|

| コデマリ | 073 |
|---|---|
| コブシ | 053 |
| コルチカム | 177 |
| コレオプシス | 158 |

## さ

| サザンカ | 200 |
|---|---|
| サトザクラ | 062 |
| サルスベリ | 165 |
| サルビア・アズレア | 184 |
| サルビア・ガラニチカ | 184 |
| サルビア・スプレンデンス | 154 |
| サルビア・ネモローサ | 121 |
| サルビア・レウカンサ | 192 |
| サンシュユ | 033 |

## し

| シオン | 190 |
|---|---|
| ジギタリス | 095 |
| シクラメン・コウム | 015 |
| ジニア | 156 |
| シバザクラ | 081 |
| シャーレーポピー | 077 |
| シャスタデージー | 095 |
| シュウカイドウ | 175 |

# 索引 INDEX

| | |
|---|---|
| フクジュソウ | 014 |
| フジ | 082 |
| フジバカマ | 178 |
| プシュキニア | 023 |
| フヨウ | 167 |
| ブラシノキ | 119 |
| プリムラ・エラチオール | 029 |
| プリムラ・ビアリー | 105 |
| プリムラ・ベリス | 078 |
| プリムラ・マラコイデス | 055 |
| プルモナリア | 039 |

## へ

| | |
|---|---|
| ペチュニア | 138 |
| ヘメロカリス | 129 |
| ヘリアンサス | 152 |
| ヘリオプシス | 153 |
| ペルシカリア | 160 |
| ヘレニウム | 151 |
| ヘレボルス・オリエンタリス | 020 |
| ヘレボルス・ニゲル | 208 |
| ベロニカストラム | 128 |
| ペンステモン | 113 |

| | |
|---|---|
| ハギ | 174 |
| ハス | 132 |
| ハナウメ | 010 |
| ハナカイドウ | 061 |
| ハナニラ | 039 |
| ハナビシソウ | 079 |
| ハナモモ | 060 |
| ハニーサックル | 088 |
| ハボタン | 205 |
| バラ | 106 |
| ハンカチノキ | 108 |

## ひ

| | |
|---|---|
| ヒアシンス | 044 |
| ヒアシンソイデス | 066 |
| ビオラ | 054 |
| ヒガンバナ | 177 |
| ビデンス | 196 |
| ヒペリカム | 119 |
| ヒメシャガ | 104 |
| ヒュウガミズキ | 056 |
| ヒューケラ | 127 |
| ピラカンサ | 191 |

## ふ

| | |
|---|---|
| フェリシア | 071 |

## と

| | |
|---|---|
| トキワマンサク | 072 |
| トレニア | 144 |

## な

| | |
|---|---|
| ナノハナ | 018 |

## に

| | |
|---|---|
| ニゲラ | 070 |
| ニコチアナ | 145 |
| ニチニチソウ | 159 |
| ニホンズイセン | 014 |

## ね

| | |
|---|---|
| ネコヤナギ | 037 |
| ネペタ | 112 |
| ネモフィラ | 059 |

## の

| | |
|---|---|
| ノゲイトウ | 176 |
| ノリウツギ | 143 |

## は

| | |
|---|---|
| バーベナ・ボナリエンシス | 125 |
| バイカウツギ | 100 |

## る

| | |
|---|---|
| ルコウソウ | 151 |
| ルドベキア | 146 |
| ルピナス | 098 |
| ルリマツリ | 162 |

## れ

| | |
|---|---|
| レンギョウ | 052 |

## ろ

| | |
|---|---|
| ロウバイ | 012 |
| ローズマリー | 206 |

## わ

| | |
|---|---|
| ワスレナグサ | 058 |

## も

| | |
|---|---|
| モクレン | 048 |
| モッコウバラ | 074 |
| モナルダ | 137 |

## や

| | |
|---|---|
| ヤグルマギク | 064 |
| ヤナギバヒマワリ | 194 |
| ヤマブキ | 084 |
| ヤマボウシ | 109 |

## ゆ

| | |
|---|---|
| ユキヤナギ | 042 |
| ユリ | 122 |
| ユリオプスデージー | 206 |

## ら

| | |
|---|---|
| ラナンキュラス | 038 |
| ラベンダー | 094 |
| ランタナ | 164 |

## り

| | |
|---|---|
| リクニス・コロナリア | 113 |
| リコリス | 170 |
| リナリア | 070 |
| リンゴ | 063 |

## 　

| | |
|---|---|
| ペンタス | 144 |

## ほ

| | |
|---|---|
| ボケ | 032 |
| ホトケノザ | 025 |
| ホトトギス | 182 |
| ホリホック | 142 |

## ま

| | |
|---|---|
| マーガレット | 040 |
| マリーゴールド | 157 |
| マロウ | 126 |
| マンサク | 013 |

## み

| | |
|---|---|
| ミツマタ | 036 |
| ミモザ | 034 |
| ミューレンベルギア | 185 |

## む

| | |
|---|---|
| ムクゲ | 166 |
| ムスカリ | 028 |
| ムラサキシキブ | 179 |
| ムラサキツユクサ | 127 |

## 高梨さゆみ（たかなし さゆみ）

ガーデニングエディター。イギリス訪問時にガーデニングの魅力に触れて以来、雑誌や本などで家庭の小さな庭やベランダでも楽しめるガーデニングのノウハウを紹介している。日本、イギリスの庭を訪ね歩くほか、花苗や切り花の生産農家など、植物の生産現場でも取材を重ねる。

撮影　横田秀樹
イラスト　ももろ
装幀　椋本完二郎
校正　株式会社円水社
編集　湯原 光

写真提供
HANA・BIYORI PIET OUDOLF GARDEN TOKYO (213ページ)、はままつフラワーパーク (215ページ) 上野ファーム、国営昭和記念公園、世羅高原農場 (216ページ)、北川村「モネの庭」マルモッタン、みつけイングリッシュガーデン、とっとり花回廊 (217ページ)、PIXTA (218ページ・カッコウソウ)

## 街で見かける 花手帖

発行日　2025年3月30日　初版第1刷発行

著者　高梨さゆみ
発行者　千葉由希子
発行　株式会社世界文化社
　　　〒102-8187
　　　東京都千代田区九段北4-2-29
　　　電話 03-3262-5134（編集部）
　　　電話 03-3262-5115（販売部）

印刷・製本　株式会社リーブルテック
DTP制作　株式会社明昌堂

落丁・乱丁のある場合はお取り替えいたします。
定価はカバーに表示しています。
無断転載・複写（コピー、スキャン、デジタル化等）を禁じます。
本書を代行業者等の第三者に依頼して複製する行為は、たとえ個人や家庭内の利用であっても認められていません。

©Sayumi Takanashi,2025.Printed in Japan
ISBN 978-4-418-25412-5

●この本では、以下のようにおおよその開花期別に見頃を迎えるものを分類しています。早春＝1月～3月上旬、春＝3月中旬～4月、初夏＝5月～6月、夏＝7月～8月、秋＝9月～11月、冬＝11月下旬～12月。栽培条件や個体差、栽培方法などにより、開花時期が異なることがあります。

本書は、ウェブメディア『家庭画報ドットコム』の連載「365日 花散歩に出かけよう」全366回（2022年7月1日～2023年6月30日まで）を基に、加筆・再構成したものです。